别输在坏脾气上

情绪管理高手养成手册

刘洪茹◎著

国家一级出版社 中国纺织出版社 全国百佳图书出版单位

内 容 提 要

积极的人享受着快乐生活，消极的人煎熬着痛苦生活。情绪和脾气对一个人生活的影响不可谓不大，要想在现今社会成功立足，懂得控制自己的脾气、调节自己的消极情绪是非常重要的。

本书以控制好脾气为主题，用简洁的文字、小故事，从卸下心灵的枷锁、消除怒火、减少欲望、改变自己、提升自己、消除负面情绪等方面来帮助你控制自己的脾气，赢得精彩人生。

图书在版编目（CIP）数据

别输在坏脾气上 / 刘洪茹著.--北京：中国纺织出版社，2018.5（2023.6重印）

ISBN 978-7-5180-4944-8

Ⅰ.①别… Ⅱ.①刘… Ⅲ.①情绪—自我控制—通俗读物 Ⅳ.①B842.6-49

中国版本图书馆CIP数据核字（2018）第079715号

责任编辑：闫　星　　特约编辑：李　杨　　责任印制：储志伟

中国纺织出版社出版发行

地址：北京市朝阳区百子湾东里A407号楼　邮政编码：100124

销售电话：010—67004422　传真：010—87155801

http：//www.c-textilep.com

E-mail：faxing@c-textilep.com

中国纺织出版社天猫旗舰店

官方微博http：//weibo.com/2119887771

永清县晔盛亚胶印有限公司印刷　各地新华书店经销

2018年5月第1版　2023年6月第3次印刷

开本：710×1000　1/16　印张：14

字数：195千字　定价：68.00元

凡购本书，如有缺页、倒页、脱页，由本社图书营销中心调换

前言

每个人在不同的时间、不同的环境，都会有不同的心情，开心、快乐、愤怒、失望、抑郁等，正因为人可以有这种种心态，才造就了不同的人生。积极的人快乐地生活，消极的人痛苦地生活。而面对不良情绪的表现也能决定人生的成败。

哲人说，太阳底下所有的痛苦，有的可以解除，有的则不能，如有就去寻找，没有就忘掉它。我们都知道，人生并不是一帆风顺的，有成功也有失败，有开心也有失落。我们每一个人都应该学会承担生活的痛苦，而不是一遇到事情就用发脾气来解决。

脾气，是日常生活中谁也摆脱不掉的最普遍的心理现象之一。好脾气能带来好福气。脾气好的人无论走到哪里，都会是受欢迎的人，别人喜欢同他相处、共事。

坏脾气就如同一座火山，随时有爆发的危险。乱发脾气则会让你失去很多。虽然，发脾气能让你将心中的不满和怒火全都发泄出来，但它并不能帮助你解决实际问题，只会让事情向不好的方向发展，会让人失去很多，如温馨的家庭氛围、和谐的工作环境、身心的平衡健康。不仅如此，坏脾气可能还会影响你的人生。在当今社会，人际交往与我们密切相关，是生活的一部分。经常发脾气的人，人际关系就会很紧张，人缘就会不好，就很难在社会上生存。所以说，脾气的好坏严重影响你的成败，一时的冲动有可能会毁掉你的一生。

有的时候我们明明已经意识到自己有坏脾气，但还是会被坏脾气左右自己的行为或者语言，仍然做出很多无可挽回的事情。其实，仅仅靠意识来控制自己的情绪是远远不够的，更重要的是控制好自己的脾气，养成好习惯，不要因为一时的冲动，而成为坏脾气的奴隶。好脾气并不是天生的，培养好脾气需要一个循序渐进的过程。

本书以此为主题，用简单易懂的文字、真实生动的情景再现、切实有效的方法技巧，从理论和实践两方面，帮助你了解自己的情绪，消除不良情绪，学会控制好脾气，让你重新获得快乐的生活。

编著者
2018 年 2 月

目录

第01章

警惕坏脾气，别让它偷走你的成功

在漫长的人生旅途中，拥有好脾气是十分重要的。一个好脾气的人能在复杂的人际关系中游刃有余，能和身边的人和谐相处。好脾气就如同沟通彼此心灵的一座桥，走过了这座桥，人生就会多一份精彩、美好，多一份阳光。你要相信，好脾气能够帮你得到幸福、快乐的人生。

莫要让冲动左右你的行为

人的一生中经常会有一些冲动的情绪及表现，这是我们受到外界因素影响造成的，在工作上、生活中及情感里都可能有冲动情绪的出现。冲动在一定程度上可以反映出一个人的内在素质和心理承受能力。培根说：“冲动就像地雷，碰到任何东西都一同毁灭。”根据调查研究表明，人在愤怒的时候，智商最低，很容易不加思考就做出一些行为，造成不可挽回的后果。人在愤怒的时候，往往会自以为是，不能理智思考问题，其所造成的危害是不可估量的。

有一对相爱的年轻人结婚，婚后生活过得十分幸福。不就之后，他们就有了自己的孩子，但是太太不幸因难产而死，原本幸福的家庭只剩下了丈夫和孩子相依为命。

父亲既要挣钱养家维持生计，又要照顾家里的孩子。因为忙于工作没有时间照顾家里的孩子，父亲就养了一条狗并训练它照顾孩子。经过一段时间的训练，狗能咬着奶瓶给孩子喂奶，还会陪孩子玩，逗他开心，帮男主人分担了一部分的事情。

有一天，男主人出门去了，家里只剩下孩子和狗。

男主人是到一个比较远的村子去打工，由于大雪封路，他只能第二天才赶回家。在打开房门的那一刹那，他惊呆了。床上、地上、柜子上还有孩子的床边都是血迹，而孩子却不见了，之前照顾孩子的那条狗满身是血地躺在床边。男主人起初以为狗的野性发作，将孩子吃掉了，大怒之下，拿起刀来向着狗头一劈，把狗杀死了。

环顾整个房间后，男主人忽然看到孩子从床下爬了出来，他赶忙抱起孩子，看到孩子虽然身上有血，但并未有任何伤痕。

他很奇怪，一时想不明白屋子里究竟发生了什么，再看看狗的尸体——腿上的肉没有了，而它身边的角落里还有一只狼的尸体，狼的嘴边都是血迹。这时男主人才恍然大悟，狗与狼搏斗，救了小孩，却被自己误杀了。

故事中的男主人正是因为一时冲动，失去了最忠诚的伙伴。冲动是魔鬼，我们应该学着战胜冲动，不让冲动左右自己的行为。

1. 保持理智

理智可以驾驭和主宰冲动情绪和冲动行为，只要保持理智就能更好地支配自己的情绪和行为，战胜冲动。一定要清楚保持理智的重要性，考虑行为是否得当和可行，尤其要清醒地思考此时的举动可能引发的不好影响，这样冲动就能得以缓解并消失。

2. 转移注意力

我们可以用暗示等方法转移注意力。让我们冲动的事情，一般来说都与我们的切身利益相关，的确，这很难一下子冷静下来。所以，当我们感觉到自己的情绪波动极大、情绪快要控制不住的时候，我们可以用自我暗示、做感兴趣的事情等方法转移自己的注意力，让自己的内心重归宁静，进而战胜自己的冲动情绪。如我们可以在自己有冲动情绪的时候，对自己说“冲动是魔鬼，谁碰谁后悔”“先放放再说，要保持理智”；或者我们可以做一些自己感兴趣的事情；或者远离让自己情绪变化的场所，找一个安静的地方，放松身心……事实上，这些方法都能让你远离冲动。

3. 用局外人的眼光看问题

“当局者迷，旁观者清”，这句话对于战胜冲动也是有一定意义的。在日常生活中，我们若能站在局外人的角度看待事情，那么无论我们是否做错什么，或者对方有什么过错，我们都能有所察觉。因此，如果人们能从局外人的角度看待客观事实，则对战胜冲动十分有益。“冲动是魔鬼”，我们应该时刻谨记这句话，并在我们情绪无法控制的时候自我调节。任何事情都应该三思而后行，一时的冲动只能让情况更加糟糕。

好脾气小贴士

在遇到事情的时候，我们不要让冲动占据上风，而应该保持冷静。学会三思而后行，永远不要让冲动左右自己的行为，只有控制好自己的情绪，才能化险为夷。

做好成功的准备，改掉坏脾气

歌德说：“谁不能克制自己，他就永远是个奴隶。”每个人都有脾气，但生活告诉我们，善于控制自己的情绪，才能更好地走向成功；若无法控制自己的情绪，坏脾气就会成为人生路上的绊脚石。

世界第一潜能开发大师安东尼·罗宾说：“成功的秘诀在于懂得如何控制痛苦与快乐这股力量，而不为这股力量所反制。如果你能做到这一点，就能掌握自己的人生，反之，你的人生也无法掌握。”其实，很多时候，让事情更加糟糕的，并不是我们本身能力不足，而是无法克制自己的坏脾气。人若脾气不好，可能毁掉自己的整个人生。

小影大学毕业以后就到一家知名企业的售后服务部工作。工作的第一天，经理便要求她不可乘电梯，但要在规定的时间内将文件送到另一个主管手中。当她气喘吁吁地爬到主管所在的楼层时，只见主管在文件的末尾处签上了自己的名字，又让她将文件送到之前的经理手中。这样的情况时有发生，小影觉得是大家在故意刁难她。

当她第四次将文件交给主管，听到同样是送还到经理手中时，她愤怒地说："你们都在耍我，我要辞职！"

主管语重心长地对小影说："你把这一切当作一次无聊的玩笑，其实这是一种训练啊！你的工作就是每天面对各种各样的客户，因此工作人员都应该学会保持好脾气，这样才有助于解决棘手的问题。唉！你前面的表现都很好，但是最后一次你发脾气了，也和成功失之交臂了，真是可惜！现在，我批准你的辞职了。"

小影正是因为无法控制好自己的脾气，最后失去了工作。所以，在工作和生活中，我们即便是遇到让自己感到不愉快的事情，也应该学会克制自己的情绪，不让它阻碍我们的成功。那么，在生活中，我们该如何控制自己的脾气呢？

1. 要清醒地认识到自己的坏脾气

要控制好自己的脾气，培养好脾气，首先要认识到自己有坏脾气的这一缺点，在此基础上分析是什么事情引起我们情绪的变化，遇到什么事情容易情绪爆发等，然后再有针对性地选择适当的方法去解决这些问题，这样的好处就是可以随时随地提醒自己去控制自己的脾气。

2. 转移注意力

当我们发现情绪接近爆发的边缘的时候，为了避免造成不可挽回的后果，不妨试着转移自己的注意力或者做一些自己感兴趣的事情，让自己的注意力从这些不好的事情上转移到别的事情上去，让自己精神放松，冷静下来。如远离让自己发火的地方，去外面散散步；找朋友倾诉一下自己的情绪；参加体育运动等。通过这些方式，我们的不良情绪就会得到缓解，心情也能很快就好起来。

3. 积极的语言暗示

日常生活中，我们运用语言大多是与人沟通交流，而实际上，语言还有很多神奇的作用，其中就包括心理暗示。心理暗示就是用比较含蓄、间接的方法迅速对人们的心理进行影响的过程。

在日常生活中，心理暗示是很常见的，我们也可以运用心理暗示法。当我们遇到不好的事情或情绪失控的时候，可以通过语言暗示的方法来调整自己，将自己从不良的情绪中解救出来。达尔文说过："人要是发脾气就等于在人类进步的阶梯上倒退了一步。愤怒是以愚蠢开始，以后悔告终的。"如你的朋友无意中伤害了你，你很想将自己的想法表达出来，想要把对方大骂一顿。为了不让事情变得更加糟糕，你可以有意识地对自己说："不要因一时冲动，造成不可挽回的后果，到时候就是后悔也没什么作用了。"在这样一番心理暗示下，你的内心也就能很快平静下来，那些不良情绪对你的影响也就越来越小了。

好脾气小贴士

拥有好脾气是每个人的希望，但是好脾气也并不是天生的，需要后天培养。好脾气是一种修养，一种人生高度。好脾气需要通过一次次的锻炼才能实现。坏脾气不仅危害你的身心健康，还会阻碍你成功。

克服心浮气躁，成就美好

心浮气躁是一种失衡的情绪状态，当人们有心浮气躁的情绪的时候，很难理智地处理好问题。他们往往会按照自己的预想做事情，他们和现实世界格格不入，不接受周围环境，不接受现实，不服气最后的结果。心浮气躁的人很难有所成就。

一个心浮气躁的人总是缺乏耐心和恒心，最终成功失之交臂。他们整天幻想某一天梦想突然实现，可是没有付出和努力是很难获得很好的结果的。李嘉诚之所以成为富翁，是一步一个脚印，脚踏实地做好每一步的结果。他深知：只有全身心付出，才能享受最终的美好。

法国作家夏尔说："为了换取灿烂的光华，你必须去吹动那些微弱的火花。"耕耘贵在脚踏实地，而非幻想着一步登天，大多数人的成功，都是建立在务实的基础上，一步一个脚印，路就是这么走出来的。

心浮气躁是成功路上的绊脚石，有些人还没有做好计划，自己又没有做好准备，只凭一时冲动，就贸然前行，最后结果总是不如自己预想的美好。要知道，欲速则不达，正是因为他们太过浮躁，不懂得循序渐进，只是一味急功近利，最终离成功越来越远。

小王毕业后，就得到了一份待遇很好的工作。在其他人羡慕的目光中，他开始上班了。

在高中同学会上，他看到了曾经还不如他的同学现在做着一份工资又高、又清闲的工作。而反观自己，他才发现自己的工作时间又长，假期还少，连工资都没有别人多。

于是，回到家后，小王越想越气愤，很快便辞了职，找了一份还算满意的工作。而进入公司后，他才发现工作并没有想象中的那么好，每天要加班，还没有加班费。不久，小王又辞职了。他总是不断换工作，终于让他找到了一个相对清闲，按时上下班且收入可观的工作。

原以为自己过得还不错，可这么做了两年后，当他再次同两个久违的朋友一起吃饭时，发现自己过得还是不如别人，朋友们已经买车、买房。虽然他们总是抱怨还房贷很累，工作太累，可是在小王看来全是在炫耀。

于是，小王再次辞职，找工作时只有一个条件：工资要高。他也想能尽快地买房买车，可是找了很久都没有找到心仪的工作，还不断透支着自己的存款。

后来，他向朋友请教："你们是怎么找到这么好的工作的？"

朋友回答说："哪里有所谓的好工作？都是从小员工做起，脚踏实地一步步慢慢往上爬。工作中表现突出了，在公司熬成老资历了，自然也就有了晋升的机会。我用了五年时间才混到这个位置，这其中的辛酸泪只有我自己知道。"

听罢，小王为自己太过心浮气躁而懊恼不已：兜兜转转，原来自己还是要从头开始，简直白费了自己一开始熬的那些个年头。

假如小王能够脚踏实地地工作，一年的时间完全够他为自己在单位树立良好的口碑，为自己的工作和未来的发展打下坚实的基础。然而，小王在参加工作没多久就被别人的高工资迷了眼，失去了自己本来的目标，这也就不难理解为什么他无法掌握自己的人生。假如他能够及时悔悟，认识到自己的欠缺，努力加以调整，那么他也许还能够找到幸福的人生。反之，假如他始终执迷不悟，那么最终会失去自己人生的方向，一事无成。

人们要想真正有所作为，浮躁不可不戒。克服心浮气躁，不妨这么做：

1. 立长志，而不是常立志

这点对于克服心浮气躁是十分有效的。制定目标的时候，要以自己的实际情况为基础，扬长避短，努力坚持，这样我们才有成功的可能。千万不要三分钟热度，制定了一个又一个目标，但是都没有实现。制定目标贵在坚持，而不是越多越好，要防止常常设立目标而不去努力实现的情况。

2. 不可急于求成

即使事情再紧急，我们也不能急于求成，而应认真对待，认真分析，找到切实可行的办法，克服心浮气躁的坏习惯。很多人在处理问题的时候由于时间紧迫，就想"一口吃成胖子"。这样匆忙完成任务，很难有让人满意的结果。

3. 自我暗示

自我暗示是调节情绪的一个简单、快捷的方法。如可以暗示自己，任何挫折终将过去，首先要做的就是控制好情绪，不让它左右我们的生活。只要善于控制自己的情绪，你就是一个生活的强者。

好脾气小贴士

心浮气躁是日常生活中一种常见的不良情绪。心浮气躁的人总是缺乏足够的耐心，一旦事情和自己预期的结果不一样，就会引起情绪波动，最终让局面更加糟糕，既失去自我也失去他人的尊重和信任。

在愤怒控制你之前控制它

生活中，愤怒的情绪像极了一味毒药，让我们的生活充满消极的能量，甚至丧失理智，做出让自己悔恨终生的事情。如果不注意控制自己的情绪，任其自由发展，你很可能情绪失控，最终毁掉自己的生活。

在人生的旅途中，我们应该学会控制愤怒的情绪。试想一下，假如一个人遇到一点小事就愤怒或者发脾气，那么人生还有什么快乐可言呢？

拿破仑是战场上的“常胜将军”，但他遇事总是很冲动。有一次，拿破仑得到消息，说他的外交大臣塔里兰勾结外敌密谋造反。他匆忙从西班牙赶回来，召集所有大臣开会，心想一定要当众揭穿塔里兰的真面目，要狠狠地骂他，让他回心转意。在会议上，拿破仑一看到塔里兰就想向他发火，他愤怒地看着塔里兰，恨不得用眼神将他化为灰烬，可是塔里兰却没有任何的反应。这时候，拿破仑再也控制不住情绪，走近塔里兰说：“有些人希望我马上死掉！”

塔里兰的确在密谋造反，但他想故意激起拿破仑的怒气，让他发火，从而失去领导者的权威，所以没有任何异常的举动，只是用疑惑的眼神看着拿破仑。

终于，拿破仑的怒火像火山一样喷发，他冲着塔里兰大喊："你的权力是我赋予的，你的财富也是我给的，你竟然背叛我，你这个忘恩负义的家伙，没有我你什么都不是，不过是一团狗屎，我再也不想见到你！"说完拂袖而去。这时，塔里兰一脸平静地对大臣们说："我们伟大的皇帝今天是怎么了？他为什么对我如此暴躁，我可没有做什么对不起他的事。或许，是他心情不好才会这么失态吧。"

拿破仑一时冲动只顾发泄自己的情绪，以为自己的怒火能令塔里兰重新回到他的阵营，但是在一个注重绅士风度的国家，人们很难容忍这样的歇斯底里，尤其是一个权威的领导者。拿破仑的威望因此在人们心中大跌，最后他丧失了主宰大局的权力，让塔里兰的阴谋得逞。

愤怒时随便发泄情绪会损坏人际关系，还会对身心产生不良影响。当自己有愤怒情绪的时候，我们该如何做呢？你可以遵循以下这几个步骤消除怒火：

1. 自我审视，找到愤怒原因

当我们有愤怒情绪的时候，应该努力让自己冷静下来，重新审视自己，找到让自己愤怒的原因。如果每次让你产生愤怒的事情或人都是同样的，那么下一次就能尽量避免这一状况，尽快走出愤怒的情绪了。

2. 换位思考，加深理解

如果有人做了让你愤怒的事情，你很可能会生气，但是若你站在对方的角度看待这件事情，你就会发现整件事情也许也是情有可原的。每个人都会遇到挫折或者困难，也许他正经历失败，也许他的家里出了不好的事情，也许他被工作弄得焦头烂额……明白了这些，你也就能理解对方，别人也和你一样认真、努力地活着。这么一想，你就能完全冷静下来，消除愤怒的情绪了。

3. 要用理智控制愤怒

发怒是由于个人失去了理智的控制，那么，该如何平息自己内心的愤怒呢？心理学家曾经做过这样一个实验，特意将写有“息怒”或“制怒”的警示词语贴在人们一眼就能看到的地方。当人们有愤怒情绪的时候，看到这些警示就会很快冷静下来。当我们被愤怒情绪影响的时候，我们应该学会用理智控制愤怒。

4. 学会幽默自嘲

如果你可以退一步，将人生当作一场演出，那么就可以对很多不好的事情一笑置之。幽默是对生活的调节，可以减轻我们生活或者工作的压力。当你愤怒的时候，若在你的面前放一面镜子，那面镜子中的你就是一副愤怒的面孔，何不试着用幽默自嘲的方式让自己快乐起来呢！

好脾气
小贴士

愤怒是一种大众化的情绪，它的危害也是不容忽视的。这种情绪在不知不觉间摧毁我们的生活。因此，无论是在工作还是生活中，无论是和自己亲密的朋友还是互不相识的陌生人，我们都需要学会控制自己的情绪，及时熄灭愤怒的火焰。

真正的强者能够战胜自己

在人生的旅途中，我们也许会遇到很多对手，甚至是敌人。在一次次挑战面前，有的人胜利了，有的人则失败了。其实，胜利的人所战胜的并不是对手或者敌人，而是自己。而那些失败的人，则是被自己打败了。很多时候，我们之所以失败正是无法战胜自己的内心。不管遇到何种困难、挫折，我们只要战胜了自己，就是生活的强者，就能走出困境，到达成功的彼岸。

奥运冠军张怡宁说过：“战胜自己，我便是强者。”即当你遇到挫折或者困难的时候，都顽强拼搏，有战胜困难的信心和勇气，那么你终将成为一个强者，一个谁也无法打败的强者。

有个商人因为经营不善而欠下一大笔债务，债主纷纷逼上门来，他因此萌生了自杀的念头。内心极度郁闷的他，有一天独自来到郊区散心，打算在最后的时间里享受一下美好的生活。

当时，正值八月瓜熟时节，田里西瓜飘香。守着瓜田的老人看见他到来，便热情地摘了几个瓜请他品尝。不过，他却一点享用的心情都没有，但是又无法拒绝老人家的好意，便礼貌地吃了半个，并随口赞美了几句。

然而，老人家听到赞扬却非常喜悦，开始热情地邀请他看他的瓜田。他述说自己丰收的喜悦，采摘的辛苦，遭遇冰雹的伤心……

原来，他很多时间都耗在这片瓜田上。他大半生都与瓜秧相伴，流了不少汗水，也流过许多泪水。在瓜苗出土时就遭遇旱灾，但是为了让瓜苗得以成长，老人家即使每天来回挑水，也不觉得辛苦。

又有一年，就在收获前，一场冰雹来袭，打碎了他的丰收梦；还有一年，金黄花朵开得相当茂盛时，一场洪水让这一切都泡汤了……

老人说：“人生少不得会遇到一些困难，但是，只要你能低下头，咬紧牙，挺一挺也就过去了。因为，最终我们会收获很多。”

老人指着缠绕树身的藤蔓，对着心事重重的商人说：“你看，这藤蔓虽然活得轻松，但是它却一辈子都无法抬头！只要风一吹，它就弯了，因为它不愿靠自己的力量活下去。”

这番话让商人醒悟了过来，他吃完手中剩下的西瓜，并向老人道谢。他深思一阵子后，回家准备继续奋斗。

五年后，他重新开创了自己的事业，并且已经有所成就，成为了一名企业家。

我们真正的敌人就是自己。战胜了自己，你就能获得胜利。

1 . 战胜自己，严于自律

成功源于自律。在该做什么的时候，自律会让你去做什么，无论你内心是否喜欢。作家杰克森・布朗比喻得好："缺少了自律的才华，就好像穿上溜冰鞋的八爪鱼。眼看动作不断可是却搞不清楚到底是往前、往后，或是原地打转。"

所谓自律，就是针对自身的情况，以一定的标准和行为规范指导自己的言行，严格要求自己和约束自己。一个自律的人，应该是一个懂得自爱，勇于自省，善于自控的人。自律，它能使人自知，养成良好的行为习惯，是一个人修养的起点和基本要求。一个人能够自律，说明他的修养已经达到了较高的境界。

2. 战胜自己，自强不息

"业精于勤荒于嬉，行成于思毁于随。"勇于突破自我、超越自我的人，就是生活的强者；而随波逐流，人云亦云，只能永远步人后尘。战胜自我是一个漫长而艰苦的过程，没有什么捷径可走，任何一劳永逸、一蹴而就的想法，都是不切实际的幻想。无限风光在险峰，只有不畏艰险、奋勇攀登的人，才能体味到"会当凌绝顶，一览众山小"的美妙和幸福。

3. 控制情绪，克服欲望

能否战胜自己，不仅体现在事业和工作上，在生活和交往中，同样也需要控制情绪和欲望，克服和改正陋习。能否做到这些，反映出一个人的性格、意志和修养以及对克服困难的态度和决心！战胜了自己，往往意味着掌控了成功的主动权，这样的人才是难得的人，是值得信赖的人，是真正了不起的人。

好脾气
小贴士

人生就是一场没有重来机会的旅程，沿途既有数不清的艰难困苦，也有欣赏不完的美景。我们在挫折中不断成长，磨炼自己，和自己的内心作战。只有战胜自己的内心，你才能在人生的旅途中获得从容、快乐。

好脾气，让你更受欢迎

英国大散文家威廉·赫兹里特曾说过：“好脾气是人生的一笔财富。”好脾气是一种人生修养，是一种为人处世的智慧。好脾气的人知道如何控制好自己的情绪赢得好人缘，不让自己成为情绪的奴隶。

好脾气是一种独特的魅力，让别人感觉如沐春风，很容易获得身边人的喜爱。好脾气的人有一种魔力，更受人们欢迎。

小蔡是一个办公文员，工作认真负责，但是有点爱发脾气，总是很容易和他人争吵。

有一次，小蔡正在写一个策划案，人事部的人找她来商量事情。小蔡的工作被打断了，于是她生气地对对方说：“之前不是已经商量过了吗，为什么还要再来一次呢？真烦人！”说着，赌气似的低下头继续写策划案，再也不理那个人。

这时，策划部小张来了，他告诉小蔡他们要用会议室，让她把门打开。小蔡一听就来气了：“公司有明文规定，想要用会议室要提前预约，怎么总是不遵守呢！”说着把登记簿一扔，自己拿着钥匙去开门了。

这样的事情时有发生，身边的人都对小蔡有意见了。到公司年底评比的时候，小蔡的分数比较低，也就是说几乎所有跟她有过接触的人都给了她差评。公司看到她如此不讨人喜欢，自然就不再跟她续约了。

在漫长而美好的一生中，拥有好脾气是十分重要的。一个好脾气的人会在复杂的人际关系中找寻到自己的一方天地，并能在自己的天地中与他人和谐相处。对于一个人来说，想要拥有良好的人际关系，所依靠的不是外在，而是你的脾气。在人际交往过程中，只有拥有好脾气，不悲不怒，才能与人建立融洽的关系。

那么，在日常生活中，我们该如何用自己的好脾气来为自己赢得无敌好人缘呢?

1. 真诚待人

好脾气的人待人真诚，而真诚是人与人之间建立信任的基础。好脾气的人在犯错误的时候会勇于承担责任，真诚道歉，这是真诚的表现。真诚还体现在对待他人的态度上，即不因自己的个人喜好而区别对待他人。

真诚还体现在对他人的赞美上，真诚赞美源自于内心的欣赏，而不是曲意逢迎。真诚的赞美是友谊的源泉，因为谁都想听到对方真诚的赞美。真诚的赞美能拉近你和朋友间的距离，让你们之间更加亲密无间。

2. 宽容的心

俗话说，“金无足赤，人无完人。”每个人都有缺点，都有做错事情的时候，谁又能保证自己不会无意中伤害到他人呢？在我们做错事情，不小心伤害他人的时候，我们很希望获得对方的谅解。别人犯错误的时候同样也想要获得我们的原谅。所以，我们应该以宽容的态度对待人和事物。

宽容是人们交往的原则，你将因此赢得他人的尊重和赞赏。反之，你会将别人越推越远。一个没有宽容之心的人，不能原谅对方的过错，不能容忍对方的小缺点，是很难获得真正的友谊的。所以，在面对别人的缺点或者过错的时候，我们应该多一份理解与宽容。

3. 把微笑当作我们好脾气的招牌

微笑是最简单、最温暖的面部语言，有了微笑，就能避免很多矛盾，化解很多争端，从而平息我们的不良情绪。微笑是好脾气的最佳招牌。当我们遇到别人开玩笑攻击自己的时候，不妨对对方报以微笑。这样不仅能够展现出自己的良好修养，也能令对方知难而退，并且愿意与我们交往下去，这远比图一时痛快尽情向对方发泄自己的情绪好得多。

好脾气小贴士

愤怒是日常生活中常见的情绪，是我们能够独立思考、有自己做人标准的证明。但有时也可能因为愤怒毁掉我们原有的美好生活。想要实现告别愤怒的情绪这一目标，需要一个漫长的过程。只有自己掌握了摆脱愤怒的方法，才能更快乐地生活。

第02章 控制坏脾气，别让好好的事变得糟糕

在都市快节奏的生活当中，人难免会情绪波动起伏，遇上不顺心的事情难免会发点小脾气，这无可非议，但最重要的是能够适度控制一下，如果一味地放任自己的情绪，那么它将会产生一股破坏力极大的力量，让事情变得更糟糕。所以，在事情变得更加糟糕以前，我们应该学会控制好自己的坏脾气。

坏脾气，只会让事情向不好的方向发展

面对生活中的很多突发状况，很多人选择发脾气，这对解决问题有帮助吗？尽管无法改变现状，但是很多人仍然无法控制自己的情绪而乱发脾气。其实，生活就是如此，没有谁一生都是一帆风顺的；生活中既有康庄大路，也有崎岖小路，既有顺境，也有逆境。面对顺境，我们也许会喜笑颜开，面对逆境的时候，我们也许会郁郁寡欢。其实，欢笑不会给顺境锦上添花，郁郁寡欢也不会对走出逆境有任何帮助。人生在世，我们需要学会控制好自己的脾气，这样才有助于解决问题。

发脾气，不仅危害我们的身心健康，也使身边的人受到我们坏脾气的影响心情恶劣。总之，发脾气只会让事情向更加不好的方向发展。

1965年9月7日，世界台球冠军争夺赛在纽约举行。胸有成竹的路易斯·福克斯十分得意，因为他的成绩遥遥领先于对手，只要发挥正常，再得几分便可登上冠军的宝座。然而，正当他准备奋力拿下比赛的时候，一件意想不到的事情发生了：一只苍蝇落到了主球上。

一开始，路易斯并没在意，挥手赶走了苍蝇，然后俯身准备击球。可是当他的目光再次落到主球上时，发现这只可恶的苍蝇又落了上去，他再次挥手赶走了它。然而苍蝇像是故意要跟路易斯作对似的，当路易斯再次俯身时，它又

落在了主球上。观众席上传出笑声，而路易斯的情绪也明显恶劣到了极点，当那只苍蝇再次落到主球上时，路易斯终于丧失了冷静和理智，愤怒地拿球杆去击打苍蝇，一不留心碰动了主球，裁判判他击球，他因此丢失了一轮机会。

此时，原以为败局已定的对手约翰·迪瑞见状信心大增，连连过关。而路易斯却在极度愤怒和失控情绪的驱使下连续失利，最终落败。路易斯十分沮丧地走出赛场，第二天早上，有人在河中发现了他的尸体。他受不了失利的打击，竟然投河自尽了！

世界第一潜能开发大师安东尼·罗宾说："成功的秘诀在于懂得如何控制痛苦与快乐这股力量，而不为这股力量所反制。如果你能做到这一点，就能掌握自己的人生，反之，你的人生也无法掌握。"其实，很多时候，使事情变得糟糕的，不是自身的能力或智慧不够，而是没有能控制住自己的坏脾气。

1. 认识到坏脾气的危害

在现代社会生活中，我们总是和身边的人不断接触交往，希望能获得对方的欣赏和赞誉，获得珍贵的友情、合作等，否则就会感觉孤单、寂寞。人的行为是受意识调节和控制的。坏脾气只会让我们离这些越来越远，认识了坏脾气的危害，我们就能更好地培养好脾气。

2. 提高修养

不断开阔自己的心胸，培养良好的心态、正确的思维方法，提高理性控制的能力。人需要有广阔的胸襟，对别人多一份理解，不斤斤计较。当遇到事情的时候，我们能够保持理智，客观地看待事情，分析出谁对谁错，从而找到最佳的解决办法。

3. 意识控制

当你的愤怒情绪即将爆发的时候，要用理智控制自己的情绪，内心万不可失去了理智，还可以进行积极的自我暗示："要用理智克制愤怒，免得伤害自己。"聪明的人都能很好地控制好自己的情绪，不让它们成为自己前进路上的阻碍。

4. 情境转移

当你想要发脾气的时候，留在事发现场只会加重你的愤怒，此时不妨试着情绪转移一下，迅速远离让你愤怒的场合。比如，你可以和朋友逛逛街、聚聚会，也可以参加一些体育运动，或者只简单地去户外散步。这样就能有效平息你的怒火。

好脾气小贴士

每个人都会有脾气，如何控制好自己的情绪是每个人的必修课。若不分场合、不分时间地乱发脾气，只会让事情变得一团糟，这样对你解决问题也没有任何益处。若想顺利解决问题并且成为一个受欢迎的人，你就应该学习控制好自己的脾气。

微笑面对生活，用欢笑赶走怒气

微笑是一个人最美好的名片。微笑是一缕阳光，只有内心有阳光的人，才能感受到现实生活中的温暖，如果连自己都不对自己微笑，那生活如何美好呢？

凯瑟琳是一位职场女性，就职于一家证券公司。由于工作压力大，再加上家里也遇到了一些不好的事情，凯瑟琳时有身心疲惫的感觉，她的脾气也开始变得不好起来，有时会突然情绪激动想要发脾气。她每天回到家也很少和家人笑一笑，家里的氛围变得十分微妙。在交易所里，她嗓门很大，脾气暴躁，经常和他人发生冲突。

虽然凯瑟琳也意识到这样下去不行，但她无法控制自己："也许是长久以来紧张的工作使我养成了这种习惯，任何一件事都会惹我生气。"后来，在丈夫的陪同下，她去看了心理医生。

心理专家了解了她的情况后，向她提出，要让自己冷静、平和下来，要让脸上挂着微笑，这样才能重新找回之前美好的生活，也能让她和谐地与他人相处。专家还教她一些利用微笑的技巧，并要求她要时刻牢记对每一个人微笑。

在接下来的日子里，凯瑟琳牢记心理专家的建议，试着对每一个人微笑：早晨，在照镜子的时候，她对自己微笑；打招呼的时候，她对丈夫和儿子微笑；出门时，她对遇到的邻居微笑着说一声“早”；站在交易所的柜台后面，她对每一个前来咨询的客户微笑；忙碌的操作间隙，她对同事微笑。

刚开始，她觉得很不适应，但她发现她的生活已经发生了变化，周围的人对她不像以前那样冷漠，而是热情地帮助她。她甚至听到有人私下在谈论她，说现在的她满面春风、信心十足，与以前垂头丧气、神情消极的样子大相径庭，像是变成了另外一个人。

“我觉得微笑每天都带给我许多财富。”这个曾经被认为脾气最坏的女人微笑着说，“我现在是一个快乐的人了，一个能够感受生活美好的人了。”

笑一笑，气就会消一消。很多人都在忙着寻找快乐和幸福，但是往往会感觉得到快乐和幸福是很难的事情。事实上，幸福是无所不在的，而“保持高度的幽默感”是关键之一。喜剧演员、“天才老爹”比尔·寇斯比曾说：“你可以把所有的痛苦都用笑声来淹没。只要你能在任何事物上面发现它们的幽默之处，那么所有的困难你都能克服了。”

1. 乐观豁达的生活态度

生气是一种非常不好的情绪，一旦爆发就会毁了所有美好的事物。生活中总有让自己烦恼的事情，如果你因此而暴跳如雷，不仅会伤害身边的人，而且会深深地伤害你自己。只有学会乐观豁达地生活，做到不以物喜不以己悲，微笑地面对一切，你才能体会到人生的幸福与快乐。

2. 微笑面对生活

常言道，态度决定一切。理想的生活是和你对生活的态度联系在一起的，如果你对生活微笑，生活就会对你微笑。微笑是人生的一大法宝，不管是遇到幸福之事还是不幸之事，微笑面对将给你带来更大的勇气。

我们每天可能面临很多大大小小的事，事情有好有坏，有难有易，有需要我们去解决的，有需要我们学会摆脱的，也许这样的生活就像歌里唱的那样：“生活就是一团乱麻，需要我们一点一点去解开。”解开这团乱麻需要足够的耐心，也要有一定的毅力，然而最重要的是有必胜的信念，这是希望所在，而微笑给人以力量，也给人以希望。

3. 笑一笑，发现生活的美好

俗语说得好：“幸福的心灵就像良药一样易使病人康复。”把痛苦紧紧抱在怀里念念不忘，会使我们最终被痛苦淹没。“把生活看得太严肃，还有什么价值呢？”歌德曾经说过：“如果早上醒来我们没有感受到新的喜悦，如果夜晚降临没有赋予我们对新的幸福的期望，那么每天的睡觉和醒来还有什么价值呢？今天的阳光照耀在我身上，我应该去认真地感受生活。”

快乐是生活的基调，是人生中的主色调。快乐者，即使处于人生的低谷，仍对生活充满希望。快乐者是耀眼的光，既照亮自己，又温暖别人。

生活中，每个人都会遇到一些不好的事情，但是这些并不是我们生气的理由，我们也更加没有必要拿生气来惩罚自己。如果是这样的话，我们就会遭受更大的损失和伤害。所以，不妨学着对自己微笑，你就会发现，生活是如此美好。

好脾气
小贴士

人活一世，不可能一帆风顺，总会遇到一些让我们感到既烦恼又生气的事情。有的人会情绪低落，生闷气。其实这是一种愚蠢的行为。此时，我们需要保持微笑，只要懂得微笑，那么气自然就会消，就一定能够找到属于自己的快乐。要时刻牢记，“微笑”这个简单的动作，就是赢得快乐的捷径。

嫉妒是一种令人痛苦的情绪

嫉妒是一种令人痛苦的情绪，最先被嫉妒伤害到的，往往是你自己而不是他人。

莎士比亚曾说过：“嫉妒是绿眼的妖魔，谁做了它的俘虏，谁就要受到愚弄。”弗朗西斯·培根说过：“犹如毁掉麦子一样，嫉妒这恶魔总是暗地里，悄悄地毁掉人间美好的东西！”在激烈的社会竞争下，有的人成功，有的人失败。失败之后由羞愧、怨恨、失落、愤怒等情绪汇总成的复杂心理就是嫉妒。嫉妒大多表现出来的都是消极的影响。嫉妒往往是和锱铢必较、斤斤计较等词语联系在一起的。嫉妒者经常处于愤怒嫉恨的情绪中，势必影响自己的生活和工作。嫉妒就是用别人的优点、成功来折磨自己，因而它就更加残酷无情地毁掉我们的一切。

刘旭和李杰同为一家公司的同事，平时两人关系十分要好。私下里，两个人也会互相帮助。

刘旭比李杰年长，也比李杰入职的时间要早两年。在这次部门经理位置有空缺的时候，大家都猜想刘旭要升职了。但李杰在工作中表现也很突出，多次受到老板的夸奖。最终，进公司更晚的李杰被提升为部门经理。

李杰的提升，让刘旭嫉妒得两眼发红。他不仅不祝福自己昔日的好友，反而给李杰很多“脸色”看。

一天，刘旭看见李杰和公司老总一同从远处走过来，妒火中烧，高声对身旁的几位同事说道：“哼，李杰这家伙，别看平时很好的样子，但是私底下啊，却……”转头看着走近的李杰，他又悄声说：“看，来了个‘大人物’。”

刘旭的话并没有引起共鸣，相反，同事们纷纷向他投来鄙视的眼神，刘旭顿时感到脸如火烧，逃也似的离开了同事。而他不知道的是，李杰正在向领导极力推荐他。可惜，他的话被老总听到了，一切化为泡影。

最后，被嫉妒折磨得近乎崩溃的刘旭因无法忍受这些，离开了这家公司。

嫉妒会破坏人际关系、损害团结，给人带来痛苦，有害身心健康，因此，我们应该学会克服嫉妒心理。想要克服嫉妒之心，可以从以下几点入手：

1. 认识到嫉妒的危害

有嫉妒心理的人，内心都很难平静。嫉妒是一种十分不健康的情绪，但是这种心理很多人都曾经有过，它的危害也不容忽视。而嫉妒心理过强，只会将人推入痛苦的深渊。正如巴尔扎克所说：“嫉妒者受到的痛苦比任何人遭受的痛苦更大，他自己的不幸和别人的幸福都使他痛苦万分。嫉妒心强的人，往往以恨人开始，以害己而告终。”

心理学家弗洛伊德曾经说过：“一切不利影响中，最能使人短命夭亡的，是不好的情绪和恶劣的心境，如忧虑和嫉妒。”嫉妒有害身心健康，美国相关研究发现：25 岁的人若嫉妒程度低，其患心脏病的概率在 2% ~ 3%左右，而其死亡率只有 2.2%。而嫉妒心强的人，在同一时期内患心脏病的概率在 9%以上，死亡率也高达 13.4%。这是因为嫉妒心理能使人体大脑皮质及下丘脑垂体促肾上腺皮质激素分泌增加，影响大脑功能，造成免疫机能失调，从而使自身免疫性疾病以及心血管、周期性偏头痛的发病率增加。医生们还发现，嫉妒心强的人往往会出现诸如食欲不振、胃痛恶心、痛经、早衰、神经性呕吐等症状。

2. 自我认知，客观地评价自己和他人

当嫉妒心理萌发或者有一定嫉妒趋势的时候，应该积极调整自己的情绪，或者做一些积极、有意义的事情，从而控制自己的动机和感情。这就需要我们冷静地分析自己和他人行为和语言的特点，同时客观地评价自己，从而客观、全面地了解自己，找到自己的优点和缺点。当全面了解了自己之后，再客观评价他人，嫉妒的心理自然就减轻了。

3. 自我宣泄

嫉妒是一种令人痛苦的情绪，当它还可以控制的时候，我们可以运用自我宣泄的方式来舒缓自己的情绪。

你可以和朋友、家人倾诉自己的不满、失落等情绪，以获得内心的宁静。你还可以做一些自己感兴趣的事情，如唱歌、跳舞、写书法、游泳、跑步等。虽然这些方法无法从根本上消除嫉妒心理，但却能阻止嫉妒对我们的影响朝着更加不好的方向发展。

好脾气
小贴士

嫉妒往往是我们自己给自己设立的一个枷锁，让人沉浸在痛苦之中。嫉妒心强的人，往往以恨开始，以伤害自己结束。所以，我们要学会克服嫉妒的心理，远离嫉妒，让自己拥有幸福的人生。

不偏执的人更受欢迎

偏执，是很常见的心理。所谓偏执，是指总是坚持自己的意见或主张，不能听取别人的意见。现实生活中，偏执的人往往是不受欢迎的，他们往往很极端，从不轻易改变自己的想法或主张，不能听取别人客观的意见，哪怕是意识到自己的想法是错误的，也不能及时改变自己的想法。有偏执性格的人在家不能和家人和谐相处，在外不能与朋友、同事和谐相处，别人只会对他敬而远之。毫无疑问，世界上的每一个人都不是十全十美的，都会有犯错的时候。当意识到自己的行为不正确或者想法有错误的时候，面对别人善意的提醒，我们应该接纳别人的意见，这样我们才能不断成长，赢得身边人的赞赏，成为一个受欢迎的人。

很多时候，明明是一个简单的问题，若遇到了固执的人，简单的事情就变成了一个大难题。如朋友聚会决定去哪里，当朋友中有固执的人，他坚持去一个地方最好，那么他就不会听从大家的建议，只会固执地坚持自己的想法。这种情况下，若再加上一个同样固执的人，那么一场愉快的聚会只会发展成一场争吵，最后大家不欢而散。固执，让身边的人很难和他和谐相处。所以，不固执的人往往更受欢迎。

三国时期的关羽是一代名将，过五关，斩六将，单刀赴会，水淹七军，何等的英雄气概。然而他也有自己的弱点：固执偏激、刚愎自用。

关羽留守荆州时，诸葛亮再三叮嘱他要“北据曹操，南和孙权”。孙权派人来为儿子向关羽的女儿求婚，关羽怒火大发，不计后果，恶语中伤，以自己个人的好恶与偏激对待事关全局的大事，导致吴蜀联盟的破裂，最终败走麦城。

关羽不但鄙视对手，也不把同僚当回事。大将马超前来投降，刘备封他为平西将军，远在荆州的关羽对此大为不满，立刻给诸葛亮去信，责问说：“马超能比得上谁？”老将黄忠被分封为后将军，关羽却当着众人的面宣称：“大丈夫终不与老兵同列！”

关羽盛气凌人且气量狭小、目空一切，很多遭到他诬蔑凌辱的将士对他敢怒不敢言，以致众叛亲离。在他陷入绝境时，最终无人救援，以致身败名裂。

偏执的人往往走极端，总是坚持己见，缺乏灵活的变通，总觉得自己是正确的。在和别人意见不统一的时候，偏执的人从来不能看到自己的错误，总是觉得错误在别人身上。有偏执性格的人，往往很难客观地看待身边的人和事，也很难取得大的进步。偏执就如同自己设置的一个障碍，将自己隔绝在众人之外。如果能够摆脱偏执，你就能客观看待事物，正确对待身边的人，赢得朋友，从而更加受欢迎。

那么，我们如何摆脱偏执呢？

1. 了解自己的缺点和不足

偏执的人应该经常全面地了解自己，发现自己的缺点和不足。遇到事情的时候，偏执者也应该认真反省自己，凡事从自己身上找原因。长此以往，偏执者就能逐渐摆脱偏执的习惯。

2. 从认识上提高自己

有偏执性格的人还应该从认识上提高自己，要善于控制自己的不良情绪，以及不合理的行为和语言。当我们犯错的时候，要勇于承担责任，主动认错，不要总是固执己见。如果我们有偏执的倾向，那么，自己暗示自己，不要深陷偏执的漩涡中。

3. 学会忍让，尊重别人

在日常生活中，我们不可避免地和身边的人接触，发生冲突、矛盾也是难免的，这时要学会克制，多多忍让对方，多些理解，要学会理智地解决问题。另外，我们还应该学会尊重他人。想要获得他人的尊重，就要先学会尊重对方。要学会对那些曾经帮助过我们的人说感谢的话，不要把帮助当作理所当然，不要对帮助你的人不理不睬。

4. 从书籍中获得正能量

俄国文学家普希金说过：“人的影响短暂而微弱，书的影响则广泛而深远。”的确，书是很好的精神食粮，能拓宽我们的思维，能提高人的内涵，能帮助那些固执的人升华心灵。

好脾气小贴士

有偏执性格的人对自己的一些意见、观念和行为总是固执地坚持下去，他们从不会反思自己的过错，不能客观分析自己的行为，只会让事情向更加糟糕的方向发展。既不能听取他人的意见，又不能认识到自己的缺点，何谈进步呢？因此，千万不要走进偏执的陷阱中。

不攀比，生活更快乐

生活对于我们，重要的不是攀比，而是享受生活的快乐；不是关注别人拥有什么，而是看到自己到底拥有多少珍贵的东西。不要因为攀比，让幸福的生活失去了原本的美丽。

在现实生活中，很多人总是整日地羡慕别人，认为别人的就是最好的。他们总想让自己变成别人的样子，总想和别人比较一番。于是他们费尽心机去追逐、跟风。但是即使你再怎么样模仿也不可能和别人一模一样，因为你就是你，你不是别人！

攀比的人并不会轻易就放弃，到头来只是给自己增添了很多烦恼，在攀比中煎熬，在得不到中挣扎，痛苦的还是自己。退一步讲，就算你达到了自己的目标，走上了和别人一样的轨迹，又能怎样？或许那根本就不适合你，结果只会浪费掉大量的时光，错过了很多机会。

最近的一段日子，慧敏参加同学朋友的聚会明显多了起来，因为她也终于买上了自己的房子。慧敏自我感觉比以前好了很多。

以前，朋友相聚的时候，慧敏只能听着朋友诉说她们的生活。在同伴们谈论和老公去国外旅游，或者是老公又为自己买了一个名牌手包之类的话题的时候，慧敏只能微笑着点头附和。但现在，慧敏觉得自己的生活已经很好了。因此，在聚会的时候，她也会加入到谈话过程中，而不是像以前那样自卑地坐在一旁。

前几次，她从同学会回来，心情都会很好，直到这次的同学会。因为她在别的同学那里得到消息，她的很多同学都已经买房了，而其中的一位最近刚买了别墅。因为这位同学平时不怎么爱说话，慧敏和她自然也没有什么交流，她从来没有听过这个消息。

其他同学正热烈地谈论着这位买别墅的同学，只有慧敏没有作声，因为她的心情已经不再像之前来的时候那么好了。

慧敏回到家，看到镜子里的自己，眉头紧锁，一脸忧郁。她知道这都是嫉妒在作祟。慧敏一边为自己所产生的嫉妒心理而自责，一边又暗暗决定以后只要有这位同学参加聚会，自己肯定是不去了。

攀比之心，人皆有之。但如果只是一味盲目攀比，只会给自己带来不必要的烦恼。俗话说："人比人气死人。"有的人总喜欢和别人攀比，这样的人无论多么成功，多么富有，也很难感受到幸福，总是过得很痛苦。这种痛苦就是来源于攀比。

作家郑辛遥说："生活累，一小半源于生存，一大半源于攀比。"是啊，人生在世，每个人都在为了生计、为了生活不断奔波，但有些人还嫌生活不够"精彩"，非要给生活加点嫉妒、郁闷、愤怒等。你拥有的已经很多，为什么偏要自寻烦恼，和别人攀比呢？

那么，如何远离攀比呢？

1. 正视自己的优缺点

人们应该学会正视自己的优缺点。不要总盯着自己的缺点而失去信心；也不要只看到自己的优点而沾沾自喜。若只看到自己的缺点，那么就如同海伦·凯勒所说的那样，"把脸朝向阳光，你就把影子甩在了身后；背对阳光，你便会处于阴影中"，生活将处在一片黑暗当中。每个人都有自己的优缺点，你不可能各个方面都优于别人，也不可能毫无优点。当我们不能正视自己的优点的时候，及时调整自己，多做一些积极的心理暗示，让自己积极、快乐起来。

2. 欣赏自己所拥有的

现实生活中，有人总是喜欢攀比，将自己置身于压抑和痛苦之中。人的视力有两种功能：一种是向外看别人，另一种是向内看自己。而人总是向外看得太多，向内看得太少。若拿自己的缺点和别人的优点比较，那么生活还有什么快乐呢？不要总是看到别人的优点，而忘了欣赏自己的闪光点。

你所拥有的可能不及他人多，但你有的也可能正是对方刻意追求的。放下攀比，细数自己拥有的幸福，就不会陷入痛苦的深渊了。

3. 保持平常心

其实，与别人适当的比较可以激发我们向上的动力，羡慕别人的工作待遇好，别人过得好，这都是正常的心理活动。但对待别人的生活要有一种理性而自信的态度：相信通过自己的努力，可以获得自己想要的生活、工作，不必总是羡慕别人。面对别人的成功，我们也应该保持平常心，过自己的生活，获得内心的快乐。

4. 自我控制

我们每个人都有各种各样的需求，并且因为人的欲望，需求总是无止境的。这时候虚荣心也会逐渐膨胀，因此要学会自我控制。在想要一件东西的时候，不妨先问一下自己，我是否真的需要它？拥有了它有什么意义呢？如果答案是否定的，那么这个时候就要学着控制自己，这样才不会使你的虚荣心泛滥。

好脾气小贴士

请静下心来，放下心灵的负担，珍惜自己所拥有的一切。学会欣赏自己的每一次成功、每一份拥有，你就不难发现，自己拥有的已经很多，自己原本就活在幸福、快乐中。

第03章

跟坏脾气说“拜拜”，卸下心锁轻装上路

人生就如同一段漫长的旅程，我们要走的路并不是一帆风顺的，总会遇到无数的坎坷和束缚。坏脾气往往是成功的大敌，一时的冲动可能造成无可挽回的后果。因此，我们需要控制好自的情绪，冲破心灵的束缚，才能轻松前行，找到属于自己的幸福。

卸下心灵的枷锁，轻装前行

漫长的人生路上，并不都是一帆风顺的，总有艰难、困苦夹杂其中。当我们面对这些的时候，我们需要卸下束缚心灵的枷锁，才能轻装上路。若摆脱不了心灵的枷锁，那么，承受后果的最终只能是你自己，你就会生活得很痛苦。

那么，什么是所谓的心灵的枷锁呢？

美国魔术大师哈里·胡迪尼一生逃脱了八千三百副手铐；他，从一万两千件束身衣中解脱；他，经历过两千次死亡游戏。他可以打开各种各样的锁，却没能打开心灵的枷锁。

这一天，大师向世界发出这样一个非常具有挑战性的目标：要在60分钟内打开任何一把锁，前提是他要穿上自己那件特制的道具服，而且不能有人在旁边观看。

英国一个小镇的几个居民决定向这位魔术大师发起挑战，并有意给他难堪。他们精心打造了一个坚固的铁牢，配上一把看上去非常复杂的锁，请胡迪尼来看看能否从中逃脱。胡迪尼接受了这个挑战，他自信地走进了精心打造的铁牢中。

牢门“哐啷”一声关了起来。待众人离去之后，胡迪尼从道具服中取出自己特制的工具，开始工作。

30 分钟过去了，胡迪尼用耳朵紧贴着锁，专注地工作着；一个小时过去了，胡迪尼还是毫无进展……已经超出规定时间一个小时了，胡迪尼还是未能逃脱出来。最后，他筋疲力尽地将身体靠在门上坐下来，结果牢门却顺势而开。

原来，牢门根本没有上锁，那把看似很复杂的锁只是个样子而已。

在人生的路上，我们在自己的内心中给自己营造了各种各样的枷锁。这些枷锁，是威胁我们身心健康的杀手。它在影响我们心灵的同时又严重威胁我们的身体健康，对我们没有任何益处。所以，我们应该学会卸下心灵的锁，以便轻松前行。

而那些心灵的枷锁大多是我们自己设置的，我们也同样拥有冲破它们的能力。所以，我们应该积极地行动起来，将那些心灵的束缚放下，给自己的生命注入一些活力、一点惊喜。当你这样做之后，你就会发现，生命是如此精彩，每天可以过得如此快乐。你自然就可以和坏脾气告别。

那么，束缚住我们的枷锁都有哪些呢？

1. 欲望的枷锁

人生在世的意义，在于发挥自己的优势实现自己的人生价值，享受生命的精彩。有的人欲望过多，而自己又无法满足所有的欲望，只能深陷失望、悲伤等负面情绪中，与快乐无缘。若一个人欲望过多，则内心很难获得平静，面对生活或者工作中的快乐也无法感到满足。面对内心的各种欲望，我们都应该学会做出明智的选择，学会放弃，不深陷欲望的漩涡中，以避免迷失自我。

2. 惧怕失败的枷锁

很多人有了失败的经历后，就将所有希望都扼杀掉。他们不断回忆曾经失败的经历，活在悔恨中，他们总是将自己看得过于渺小，无法正确地看待自己。要知道，即使你现在每天都后悔也无法改变现实。想要摆脱惧怕失败的枷锁，你需要从思想上开始改变，学会保持积极的生活态度，不被眼前的困难或者困苦打败，应该对未来充满希望。想要到达成功的彼岸，就应该积极鼓励自己，在惧怕失败的时候，告诉自己“我是一个成功者”而非“一个永远的失败者”。当你通过各种各样的方法摆脱了惧怕失败的枷锁后，你就会发现你是自己心灵的主宰者，同时也能指引自己的行为活动。

3. 沉浸在过去的枷锁

许多人不敢尝试，害怕失败，这是因为他们过去失败的经历在左右他们，这就是所谓的“一朝被蛇咬，十年怕井绳”。但是，若你连尝试的勇气都没有，怎么能突破自我，创造更美好的明天呢？其实，过去失败的经历只是成功的必经之路，每个人都有失败的经历，若人们都沉浸在过去的错误中，那么大家也就都无法获得成功了，只能在失败的彼岸与成功遥遥相望。因此，你完全没必要把过去的错误看得太重，那些只是成长的必经之路，它会教会你很多，督促你不断进步，让你愈加优秀。

不管是哪一种，这些心灵的枷锁都会成为你前进的阻力，使你前进的速度越来越缓慢。只有学会放下这些枷锁，轻装前行，才能让你拥有好心情，享受到生命的美好。

好脾气小贴士

很多时候，束缚住我们的正是自己设置的枷锁。你只有卸下心灵的枷锁，才能轻装前行，迎来美好的未来。

转换消极情绪，享受美好生活

我们有许多种情绪，有的是指引我们积极向上的称之为“积极的情绪”，而有的是让我们失去前进的动力、希望等的称之为“消极的情绪”。当消极情绪成为我们生活主宰的时候，我们就沦为情绪的奴隶，无法把握自己的人生。其实，处于顺境或者逆境、在成功或者失败的时候，我们都应该保持冷静，及时清理消极情绪的垃圾，不让自己的生活因受消极情绪影响而变得一团乱。

积极乐观的情绪是成功的助力，反之，消极的情绪是成功的绊脚石。对于那些消极的情绪，我们不要总是压抑它，若总是压抑自己的情绪而不知道释放情绪，长此以往，会引起严重的心理疾病。若你想要过轻松、愉快的生活，就应该学习及时清理情绪的垃圾，将负面情绪转换成积极的情绪。这样，你才能享受更加美好的生活。

福斯特是美国哈佛大学的校长，她在到北京大学访问之时，向大家讲述了一段自己的亲身经历。

“有一年，我在实验室里待了很久，因为一个研究课题中的细节搞得我心烦气躁，郁闷已极，我不知道如何让自己继续研究工作。于是，几天后，我就向学校请了三个月的假，然后告诉我的家人，不要问我要去什么地方，因为自己也不清楚自己会到哪里。这样做是因为多年来，我厌倦了日复一日单调的工作，想做些自己想做的事情。”

“于是，我便只身一个人去了美国南部的农村，趁着假期去尝试过另外一种全新的生活。在那里，我做着各种各样的工作，到农场去打工、给饭店刷盘子。和农民们一起在田地里做工时，我背着老板躲在角落里抽烟，或和工友偷懒聊天，这让我有一种前所未有的愉悦。”

最后，她还分享了一段有趣的经历：她在离家很近的餐馆找到了一份刷盘子的工作，仅仅工作了四个小时，老板就将她叫了过来，给她结了账，并对她说：“可怜的老太太，你刷盘子刷得太慢了，你被解雇了。”于是，这个“可怜的老太太”重新回到哈佛。回到自己熟悉的工作环境后，她觉得以前每天做的事情是多么的有趣，工作成为了一件令她快乐的事情。

最后，她说：“那三个月的经历，像一个淘气的孩子搞了一次恶作剧一样，新鲜而刺激。”并且有了这次经历之后，世界在她眼里就如同儿童眼里的世界，一切都充满乐趣，也不自觉地清理了原来心中积攒多年的‘垃圾’。

人总是有喜怒哀乐的，对于那些消极的情绪，我们应该积极采取行动，及时清理，这不仅有利身心健康，也使自己的生活多些快乐。能够控制好自己的情绪是一门学问，那么，如何控制好自己的情绪呢?

1. 冷静思考

当我们遇到突发事情的时候，应该学会保持理智，冷静思考，不因一时冲动造成无法挽回的后果。在突发状况前，我们一定要尽快让自己冷静下来，客观看待现实，找到解决问题的最佳方法。当我们被消极情绪左右的时候，不要轻易做出决定。

2. 转移注意力

当我们情绪不佳的时候，可以转移自己的注意力来调整自己的情绪。通过转移注意力，我们的内心能很快平静下来，消极情绪对我们的影响也会越来越小。向朋友、家人倾诉，读书，做自己感兴趣的事情等都是能够实现转移注意力目的的不错选择。

3. 忙碌起来

转换消极情绪的有效办法之一，就是让自己没有时间想那些不好的事情，花时间在一些有意义的事情上去。若你一直处于忙碌状态，坚持一段时间后，你就会发现你的内心已经逐渐平静下来，之前让你情绪低落的事情对你的影响力已经越来越小。正如尼采所说，在你忙碌的过程中，你的劳动创造了小喜悦和满足感，它们中和了你的负面情绪。若你正备受消极情绪的困扰，那么试着让自己忙碌起来吧！忙碌，让你远离消极情绪，重新找到快乐。

4. 把握情绪的关键时刻

现代心理学研究发现，情绪的关键时间点是早上起床后和晚上就寝前，若在这两个时间段能保持心情愉悦，情绪稳定，那么你就能获得好心情。

5. 给消极情绪找一个出口

消极的情绪需要一个发泄的出口，通过这个出口，让消极的情绪远离我们的生活。若任消极情绪一直在自己的内心中不断积累，最后只会成为我们难以承受的沉重负担。当有一天你的内心不堪重负的时候，最后迎来的大爆发也会导致更加严重的后果。因此，你需要给自己的负面情绪找一个出口，让自己重新享受到快乐的生活。

好脾气
小贴士

当你遇到挫折或者困难的时候，不要伤心、失望，也不要生气。你最应该做的就是试着调节自己的情绪，及时将消极的情绪转换成积极的情绪。这样，你才能迅速成长，收获更多的快乐。

获得快乐，远离坏脾气

在日常生活中，总是有许多令我们困扰的事情，工作不顺、与人发生矛盾、遇到困难等，这些都让我们的情绪发生大变化。遇到这些事情，若你保持积极的态度，找到快乐的秘诀，心里就会想得开，就能解决好这些问题；若你无法看开，总是想要发脾气，那么将影响你的人际关系。对于那些我们无法改变的现实，我们应该学会调节好自己的情绪，让快乐与自己如影随形。

作家罗曼·罗兰说得好：“一个人的快乐与否，绝不依据获得了或是丧失了什么，而只能在于自身感觉怎样。”古希腊哲学家柏拉图曾说过：“决定一个人心情的，不是环境，而是心境。”所以说，快乐并不是取决于外在的客观事实，而是自己选择的一种生活态度。如果你每天都等着快乐降临到你身边，那么注定是会失败的，因为快乐只存在于你的内心，在于你的选择。当你选择积极的态度，无论发生多少突发状况，你都能用乐观的心态面对这些事情，让自己享受到生活的快乐。总之，快乐与否在于你如何选择。有这样的一个故事：

刚刚下班的彤彤在回家的路上遇到一位卖花的老太太。这位老太太穿着破旧的衣衫，身体看上去也并不是很健康，但她的心情似乎很不错的样子。彤彤笑着对老太太说："您今天心情好像很好啊！"

"为什么不呢？一切都是如此美好啊！"

"你就没有什么烦恼吗？"彤彤又说。然而老太太的回答令她大吃一惊："即使遇到不好的事情，只要再等三天，一切就都会好起来的。耶稣在星期五被钉在十字架上的时候，全世界的天空都黑暗了，可三天过后就是复活节。所以，当我遇到伤心的事情的时候，就会等待三天，一切就能恢复正常了，我的心情也就好起来了。"

"等待三天"，这看似简单的语言却折射出老太太的内心里充满了快乐。确实，人生并非处处都是一帆风顺，总是伴随着挫折、坎坷。其实．每个人的心都好比一颗水晶球，最初都是晶莹剔透的，然而一旦遭遇不测，生命就因此变得黯然失色。只有善于发现快乐的人，才能在失败中依然能保持一份积极的生活态度，才可以过得很快乐。而事实上，许多人都无法保持快乐的心情，并在痛苦中苦苦挣扎。

1. 有点阿 Q 精神

人生的路上并不总是一帆风顺的，总会遇到挫折和困难。当我们遇到一些无法接受的事情的时候，我们要学会调节情绪，不妨有点阿 Q 精神。有了阿 Q 精神，在遇到类似情况的时候，我们就能更好地进行自我安慰。若一个人的心态调整不好，那么快乐也就离他越来越遥远了。

2. 相信自己能得到幸福

期望越多，获得的也就越多；期望越少，获得的也就越少。若我们选择积极的心态，相信自己能够获得快乐、幸福的人生，那么不管遇到多大的挫折、多严苛的考验，我们都还能保持积极的态度，获得美好的人生。

3. 不抱怨生活

快乐的人并不是比别人拥有的多，而是因为他们选择了积极的生活态度。这种选择促使他们在遇到事情的时候，不是抱怨生活，不是问别人自己该如何做，也不是追问“上天为什么对自己如此不公平”，而是积极地行动起来，努力寻找解决问题的最佳办法，更有效率地解决问题。

4. 树立对生活的理想

快乐的人总是不断地为自己树立一些目标。当你实现了小目标后，你的内心会获得小小的满足感，当实现了一个个的小目标后，你就可以开始准备追逐自己的中期目标，最后实现自己的大目标。这些人生理想，能让你更加清楚为什么而活，能令你更加快乐。

好脾气小贴士

一个人如果想获得快乐就不要总想着快乐会自动降临，只有我们不断净化自己的心灵，用积极的生活态度去面对现实，才能收获快乐，与坏脾气告别，让我们的生活充满快乐与阳光。

常常分享，令快乐加倍

培根曾经说过：“如果你把快乐告诉一个朋友，你将得到两倍快乐；而如果你把忧愁向一个朋友倾吐，你将被分掉一半忧愁。”这就强调了分享的重要性。若一个人学会了分享，快乐就会加倍，烦恼也会减少。

张太太是一个富有的人，她拥有几处私人庄园。而她现在的住所建有一座美丽的大花园。花园占地面积很大，鲜花盛开后格外美丽，吸引了许多路过的人驻足观看。他们毫无顾忌地进入张太太的花园里游玩。年轻人在草坪上欢快地放声歌唱，小孩子在花丛中捉迷藏，而老人坐在池塘边垂钓，有人甚至在花园当中支起了帐篷，打算在此过一个浪漫的盛夏之夜。

张太太站在落地窗前，看着这群快乐的人在她私人的花园里放声歌唱、尽情嬉戏。她越看越气愤，就命令仆人在花园入口处挂了一块牌子，上面写着："私人花园，未经主人允许请勿入内。"

可这样做并没有起到什么效果，还是有很多人到她的花园玩耍。张太太只好让她的仆人前去阻拦，结果与游玩的人们发生了争执。后来张太太想出了一个"绝妙"的主意，她让仆人重新挂上一块牌子，上面写着："欢迎你们来此游玩，为了安全起见，本园的主人特别提醒大家，花园里有一种毒蛇。若哪位游客不慎被毒蛇咬伤，请在二十分钟内到医院就医，否则性命难保。最后忠告大家，驱车到离此地最近的一家医院所需时间为四十分钟，请大家妥善安排。"

那些游客看了牌子后，都没有欣赏这座美丽的花园的欲望了。两年以后，张太太的花园因占地面积太大、人烟稀少而变得荒凉。张太太还是站在同样的落地窗前，不禁回忆起那段很多游客在这里快乐玩耍的岁月。

若张太太能与人分享，她也将获得更多的幸福和快乐。当你与别人分享，你就会感觉到你的内心是宁静的，而内心的宁静是获得快乐、幸福的基础。

当你将快乐分享给别人，也就是将自己的心门打开，接纳各种各样的人，你就会发现对方身上的闪光点，同时，你的心胸也开阔了。古人云："独乐乐不如众乐乐。"分享是一种令你快乐的经历，这种经历并不是一味地付出，而会给你双倍的回报，让你享受更多的幸福。然而，有的人总是与别人分享自己的痛苦而非快乐，这无疑是一种自私的表现，久而久之，这会使他们身边的朋友越来越少，他再快乐也无人分享，痛苦了也无人安慰，这样的人生无疑是孤独、寂寞的。所以，分享在我们的人生中也是必不可少的。

既然分享是十分重要的，那么，我们该如何培养分享的意识呢？

1. 学会感恩

学会感恩，才能领悟与人分享的重要性，才能从付出中体味到幸福；学会感恩，才不会总是抱怨，才会充满激情地去迎接未来的挑战，使自己永远保积极进取的态度；学会感恩，世界就会变得愈加丰富多彩，人生也将会多些快乐与幸福。

2. 分享幸福与快乐

学会分享幸福与快乐，自己也一定会变得更快乐、更幸福、更成功和更富有。当我们将自己的幸福或者快乐倾诉给他人的时候，自己的内心就会重新恢复到平静状态，生活也会重新照耀进阳光。

好脾气
小贴士

快乐是需要分享的，这样可以将快乐传染给别人，你分享的经历越多，你收获的东西也就越多。当你将自己的幸福、快乐分享给别人的时候，你的快乐就会加倍。分享，是感情的交流，是令你能感觉到幸福、快乐的经历。

微笑，带给我们很多意想不到的收获

微笑是世界上最简单、最美丽的语言，因为微笑总能给我们带来幸福和快乐的感觉，即使在最艰苦的岁月，也能让我们找到快乐。

当你常常对自己和他人微笑，你就会发现，生活中令我们快乐的事情是那么多，而人们也可以因为简单的微笑而看到暴风雨后美丽的风景。

在一次山洪暴发后，农舍、良田、树木，一切的一切都没有躲过这场劫难。滚滚而来的泥石流惊醒了睡梦中的一个 6 岁的小女孩，这时泥石流已经到了她的颈部，她努力地将自己的双手向上伸。

而到现场营救的人员也不知道如何将她救出来，因为每一次的拖拽都是对她的再一次伤害。此时，整个村庄都几乎变成一片平地，小女孩是村子里为数不多的幸存者之一。当记者把摄像机对准她时，她始终没有哭，而是微笑着看着大家,并且不停地向营救人员说感谢,两个手臂努力做出表示胜利的“V”字形，她坚信自己一定能够获救。

果然，营救人员克服重重困难，进行数小时营救工作后，终于将她救出。

幸福是一种美好的体验，微笑是一种良好的态度，这样的选择可以让你的人生发生天翻地覆的变化。

泰戈尔说：“当他微笑时，世界爱上了他。”微笑就是一种美丽的语言，无论是谁，只要他学会了微笑，就能收获到幸福、快乐的人生。

懂得对自己微笑的人，他的内心就会充满快乐；懂得对生活微笑的人，他的人生也将充满阳光。微笑，会带给我们很多意想不到的收获。

1. 微笑，赢得别人好感

查理·威利有一句名言：“挂着笑容你才算是穿戴整齐。”我们要意识到微笑的重要性，体会到微笑的魅力。微笑是最富感染力的表情，它能将我们的快乐传递给身边的每一个人，为生活创造温馨的气氛。

微笑令人感到快乐和幸福，微笑让人获得友谊和幸福，微笑是与人沟通最简单的语言，能拉近彼此间的距离。它能将剑拔弩张的矛盾消失于无形，能令当事者双方都不失颜面。美国一位著名的心理学家曾说过这样的话：“微笑可以办好事,微笑能办成事,这是一个永远不变的真理,任何有经验的成功人士都明白。”

2. 保持微笑，增加魅力

微笑具有挡不住的魅力。一位学者说：“对人微笑是高超的社交技巧之一，也是获得幸福的保障。只要我们活着、忙着、工作着，就不能不微笑。”我们的生活离不开微笑，微笑是最美的名片，是真情的流露，是最通用的语言。微笑看似简单，却蕴含了很多，它可以化解很多误会，消除很多矛盾，拉近和陌生人的距离。一个总是微笑的人，必定是一个充满魅力的人，能够吸引身边人的视线，令他人愿意亲近。

人与人之间的最短距离是一个可以分享的微笑，即使是你一个人微笑，也可以使你和自己的心灵进行交流和抚慰。

3. 微笑，收获快乐的生活

当每个人都保持微笑的时候，你的生活也就充满了欢乐。以积极、乐观的态度面对生活，人生会更加丰富多彩、充满乐趣。用微笑面对社会，面对生活，为自己的生活增添快乐，给自己一个灿烂的笑容，幸福和快乐就如影随形。

好脾气小贴士

微笑是世界上最美的表情，是最真诚的语言，是人际沟通的润滑剂。微笑有很大的魅力，你可能只是简单地微笑了一下，世界肯定会报以更大的微笑。我们每个人都希望收获别人的微笑，因此我们应该先对别人报以微笑。

放下烦恼，享受自由生活

人生在世，烦恼似乎总是与我们如影随形。可是正是因为这些烦恼的存在，人生才变得更加丰富多彩。但是若烦恼过多，就会成为威胁我们身心健康的致命毒药。所以，我们应该学会放下烦恼，享受轻松、自由的生活。

法国哲学家、思想家蒙田说过：“今天的放弃，正是为了明天的得到。”

在这个世界上，为什么有的人每天都能轻松生活，而有的人总是生活在一片烦恼中呢？前者是懂得放下烦恼，而后者却没有学会放下烦恼。所以，我们应该学会放下烦恼，这才是最明智的选择。只要放下了烦恼，你就能活得轻松而幸福。

苏珊是一家公司的老板，每天都承受着巨大的压力，有很多事情要做。但有一天，她的生活发生了天翻地覆的变化。那天，她还是和往常一样，心里想着如何让公司更好地发展。当她走在熟悉的街道上时，她看到改变未来生活的一幕。

这件事虽然前后只有 10 秒钟左右，但它却教会了苏珊如何愉快地生活，因为她看见了一个双腿残疾的男人正在努力地向前走。他坐在装有滑轮的小木台上，两手握着小木棍，抵住地面滚动前进。

这种行为引起了苏珊的注意。当她再看到这个人的时候，他已经走到了人行道上。当他们四目相对的时候，那位男士马上露出了微笑，并用愉快的语调对苏珊说道："早上好！真是愉快的一天啊！"

直到此刻，苏珊才发现自己之前的烦恼是多么的不值一提。毕竟她是如此幸运，有健全的身体，能走能跳，那个双足俱残的人都没有忘记对生活微笑，快乐、自信地生活，她又有什么可烦恼的呢？一想到这里，苏珊的心情便放松了下来。

回到公司后，苏珊便试着微笑面对每个人，放下心中的烦恼。回到家里，当老公看到她微笑着向他走来时，他主动上前拥抱了苏珊；而他们的宝贝儿子也上前给了苏珊一个大大的拥抱。现在，苏珊感觉每天都过得轻松、快乐。

生活到底是沉重的，还是轻松的，这完全依赖于我们如何抉择，是放下还是决不放手。生活中总是充斥着各种各样的烦恼，如果你学不会放下这些，那么它们就会成为沉重的负担。每天都是一个新的开始，都是幸福的开端。放下烦恼，你就会发现，生活是如此的幸福、快乐。

那么，该如何排除烦恼呢？

1. 能够自我反省

若你能够时常自我反省，就会减少烦恼，从自我反省中不断进步，不断成长。历史上很多的名人都是懂得自我反省的人，他们通过自己的努力最终改变了自己的命运。多些自我反省，可以消除烦恼，督促我们上进，从而创造辉煌的成就。

2. 能够自我忍耐

怎样才能少些烦恼呢？不妨试着忍耐一下。这就是“忍一口气，风平浪静；退一步想，海阔天空”的真谛。世间很多的烦恼都是因为我们少了一些忍耐。周瑜因“既生瑜何生亮”而将自己活活气死。而安徒生就做了不同的选择，他忍受住了他人的欺凌与排挤，忍耐得了寂寞，终成一代童话大师。忍耐拥有强大的力量，让你远离很多烦恼。

3. 能够自我批评

怎样能消除烦恼？答案是：自我批评。世界首富比尔·盖茨说：“有自觉的人，能客观地自我批评。”另外一位曾登上世界首富的埃里森也说：“人们必须开放，富有自我批评精神，完全诚实。”人们要学会自我批评，只有了解如何进行自我批评与改进，才能让自己不断成长，才能看清困扰自己的烦恼，进而消除这些烦恼。否则总是抱怨生活，指责他人，不仅不会对解决问题有任何帮助，还会让生活和工作一团糟。

好脾气小贴士

不要再烦恼，放下那些所谓的烦恼，尽情去感受快乐。人生就如同一场旅行，最重要的并不是结果，而是在于旅途中的心情。心情好的话经历什么事情都是一种享受，心情不好的话，再美好的风景都会黯淡无光。想要获得好心情，不妨试着放下烦恼，给自己减减压，收获快乐的生活。

第04章

好脾气的人，才能得到长久的幸福

好脾气的人对人、对事都是包容和接纳的态度。好脾气是一种人生感悟，是历经世事后收获的从容与淡然。想要修炼好脾气，并不是一件简单的事情，而是一个循序渐进的过程。想要获得永久的幸福，你就应该从生活的点滴积累做起，学着做一个好脾气的人。

内心选择快乐，快乐就会如影随形

每个人都希望自己生活得快乐。快乐不是别人给的，而是来自于自己内心的感受。面对相同的一件事情，不同的人也会有不同的感受，最后的结局自然也不同。其实，人生是否快乐，主要看我们如何选择。每个人都有令自己快乐起来的能力，就看你的内心是否想让自己快乐起来。想要获得快乐其实并没有想象中的那么难，若内心选择快乐，快乐就会充斥于你的生活。

快乐不仅仅是一种心情，更是一种选择。当我们遇到困难、挫折和失败的时候，我们可以选择消沉、抑郁，也可以选择积极、乐观。其实，我们今天的选择都决定着我们未来的状态。若选择积极，我们的生活将充满阳光；若选择另一条路，则生活充满令人悲伤的因素，工作和生活也将变得一团糟。

张先生因整日精神压力大、夜夜失眠而去就医，但是多项检查结果显示他的身体一切正常，并没有什么疾病。医生建议他去看了心理医生。心理医生看他愁眉不展，就问他是不是觉得很不快乐。

张先生就如同遇到知音一样，开始向心理医生诉说自己的种种烦恼。其实，他的那些烦恼都是一些鸡毛蒜皮的小事，比如和朋友发生了争吵，听见别人在背后说自己的坏话，工作不顺……他说生活是如此艰辛，自己都感觉不到快乐。

心理医生边听他说边记，等他说完，问道：“我想知道，你和你太太的感情如何？”张先生脸上有了笑容，说：“我们非常相爱，在结婚的 12 年间，几乎没有吵过架。”心理医生微笑着点点头又问：“那你有孩子吗？”张先生的眼里闪出光彩说：“我有一个可爱的女儿，已经 7 岁了，她就是我们的开心果。”后来，心理医生又问了他许多问题。

最后，心理医生把写满字的两张纸放到张先生面前。一张写着他的烦恼，一张写着令他感觉到快乐的事情。心理医生对他说：“这两张纸就是治病的药方，你把苦恼事看得太重了，忽视了身边的快乐。”

若张先生选择积极的生活态度，他就不会因为心理问题而去医院看病了，必定能获得更多的快乐。有这样一句话：“生活中从来不缺少美，而是缺少发现美的眼睛。”同样，生活中，若我们的内心选择快乐，那么就没有什么能阻止我们快乐起来。

泰戈尔说：“我们错看了世界，却反过来说世界欺骗了我们。”我们生活的这个世界，总是有许多令我们快乐的事情，值得我们去发现，去欣赏。但，生活并不是一帆风顺的，总有不好的事情发生。想要保持快乐的状态，我们该如何做呢？

1. 保持乐观的心态

华盛顿说：“一切的和谐与平衡、健康与健美、成功与幸福，都是由乐观与希望向上心理产生与造成的。”只要你用乐观的心态去面对生活，即使你身处逆境也能看到希望，不失去前进的勇气，最终取得成功。你可以将快乐传递给身边的人，痛苦也是可以传递的。若你是快乐的，你身边的人也能感受到快乐，于是越来越多的人得到幸福；而如果你将痛苦传递出去，那么他人也会获得不好的感受。何不选择保持积极、乐观的心态，让自己和身边的人都能得到更多快乐呢？

2. 换个角度看问题

想要调整自己的情绪，想要从消极情绪的阴影中走出来，就必须学会调整看待事情的角度。遇到不好的事情之时，要及时抑制自己用消极的态度去对待，而是改用积极的态度去面对，从不同的角度看待世界，世界也将因此变得不同。选择用积极的态度面对一切，如此就能很好地调节自己的情绪了。

“塞翁失马，焉知非福。”挫折和困难是人生的必经之路，是我们成长的阶梯，是对我们的严苛考验。面对此种状况，我们应该选择积极、乐观的心态去面对，努力寻找解决问题的最佳办法。即使迎接我们的总是失败，但也不要抱怨、不要悲伤，更不要就此放弃，换个角度看待问题，你就会发现别样的精彩。

3. 用兴趣来调剂生活

虽然工作是生活的重要组成部分，但并不是生活的全部。除了工作，我们还有很多有意义的事情去做，从自己的兴趣爱好出发，做感兴趣的事情，享受更加精彩的人生。兴趣爱好让我们的生活愈加多姿多彩。若生活少了兴趣爱好的参与，我们的人生将变得狭隘。在每天繁忙的工作或者家务后，我们可以做一些自己感兴趣的事情，让积累了一天的消极情绪得到很好的宣泄，让精神得到充分放松。明天又是快乐的一天。

好脾气小贴士

没有不快乐的人，只有不肯快乐的心。其实，快乐是我们内心的选择，只要相信自己有足够克服各种困难的能力，重新找回积极的情绪，就能获得内心的快乐，享受幸福的人生。

懂得自我安慰，走出消极的阴霾

当工作不顺、受别人嘲讽、与邻居发生矛盾的时候，我们的内心就出现了各种各样消极的情绪，内心也就失去了平衡。可不要小看这些消极的情绪，若任其发展，它就会影响我们的工作和生活，威胁我们的身心健康，让我们的生活变得一片黑暗。

当有消极情绪的时候，我们就应该学会自我安慰，帮助自己走出消极的阴霾。在历史的长河中，很多伟人都懂得自我安慰的重要性。在经历失败之时，他们通过自我安慰重新拥有快乐，获得幸福的生活。而现实生活中也有很多关于自我安慰的故事。

一位男人在一场车祸中失去了一条腿。朋友们来看望他，都劝他要看开些，不要为了失去一条腿而难过，这时男人却笑了。

“怎么，有什么不对吗？”朋友们都不明所以。

“其实，当我醒后得知自己只失去了一条腿时，我就安慰自己说：‘没什么，你只是失去了一条腿，你还是幸运的，死神并没有带走你的生命。’所以，我现在有足够的理由笑啊！”

过了一段日子，那位男人所在的公司将他辞退了。对于还需要大笔手术费的他来说，这无疑是雪上加霜。

朋友们知道后，准备了一大堆安慰他的理由，准备在看望他时好好安慰他一番。然而，令朋友们惊讶的是，当他们见到那位男人时，他正安静地坐在床上，欣赏着窗外的美景，而公司的下岗通知书早已经被他折叠成了一架纸飞机，他正在把它抛向天空。当他看到纸飞机随着风儿徐徐上升时，竟然放声大笑起来。

“你不难过吗？这可是意味着你以后没有经济来源了啊！”朋友们着急地问。

“既然现实已经无法改变，与其伤心难过，还不如想幸好只是失去了工作，但我并没有失去不断前进的勇气啊！所以，我有足够开心、快乐的理由！”

后来，男人的妻子因不甘心和他过苦日子，在一个月黑风高之夜，卷走了家中值钱的东西，彻底地离开了他的生活。

朋友们知道后都为他担心，以为男人经过这次打击肯定会消沉的，便都赶过去看望他。当朋友们见到男人时，他正坐在空荡荡的客厅中，边听着音乐，边按摩着腿。

“你是不是真的疯了，还有心情在这里听歌？”朋友们冲他喊道。

“为什么不享受一下呢？她只是背叛了我一个人，而不是背叛了整个国家。所以，我没理由不高兴，不歌唱！”

也许我们会遇到很多的苦难、险阻，但只要我们内心积极、不深陷消极的情绪，就能迎来希望的曙光。生活中，我们应该学会像故事中的人一样，遇到不好的事情，也懂得自我安慰，走出心理的困境。当我们正经历失败的时候，安慰自己，保持理智，一定可以找到解决问题的办法；当与别人发生争吵的时候，告诉自己，退一步海阔天空，不要让这些小事影响自己的心情。凡事适可而止，学会自我安慰，就能调节好情绪，从而助我们告别坏脾气。

那么，我们应该怎样进行自我安慰，才能减轻烦恼，告别坏情绪呢？

1. 自言自语

我们应该学会看淡得失。当我们失去一些东西的时候，不妨告诉自己：“塞翁失马，焉知非福”；当我们有感觉过不去的难关的时候，我们不妨多些阿 Q 精神，安慰自己将来一定会比现在好，自己现在要做的就是付出。当你克服了重重困难后，你就会发现，曾经的难关也没有那么难以跨越。这种自言自语的方式能有效地帮助我们调节情绪，让内心重新恢复平静，自然也就少了很多烦恼，多了很多快乐。

2. 相信未来，自我安慰

当我们为失去一些东西或者没有得到的东西而烦恼时，我们要相信：在不远的将来我们也许就能得到了。只要我们付出足够的努力，就能拉近现实与梦想的距离。因为有了这样的信念，我们也就不会在乎眼前的得失，不再抱怨生活，这也就减轻了我们的压力，减轻了我们的烦恼，让我们走出消极的阴霾。

好脾气
小贴士

很多时候，看到别人需要帮助的时候，你总想着安慰他人，但当自己经历失败的时候，却忘了自我安慰。当你在关心、帮助他人的时候，不妨试着关心一下自己，给自己一份关心，一份温暖问候，安慰安慰受伤的自己。

保持平常心，告别坏脾气

我们都知道，谁的人生都不会一帆风顺，每个人都会遇到不顺心的事。此时，如果我们自暴自弃，那么，人生就是失败的。若我们能抱着一颗平常心，那么，我们就能体会事物美好的一面，从而获得好心情了。

什么是平常心？其实，所谓平常心，就是我们在为人处世中所保持着的一种平常的心态。只要我们拥有这种平常的心态，我们就不会被感情所左右，不会乱发脾气。因为拥有平常心的人，他可以使自己时刻处在真实的心理状态中，所以可以洞悉事物的本质。平常心就是能理智看待问题，不受其他因素的影响。

罗丹说：“这个世界不是缺少美，而是缺少发现。”我们都有一双眼睛，用来看世界，但我们的世界观、对世界的认识都是不同的。我们还有另外一双眼睛，它是长在心上的，那就是思维的角度。它比自然造化的那双眼睛更为重要，因为它还能告诉我们如何看自己、如何看世界。那就是“要拥有一双发现美的眼睛”。的确，生活的快乐与否，完全取决于个人看待人、事、物的角度。多用积极的态度去面对生活，那么，世界就是美好的。

宋朝的时候，有一位皇后十分贤惠，当皇帝因宫人失职大发脾气时，她总是假装生气让人把宫人交给专管刑罚的官员处理。当皇帝问她原因时，她说：“皇上在盛怒之下就不能用平常心对待这些事，所做惩罚有过重之嫌，但是将这些事情的决定权交给专管刑罚的官员处理就能保证公平，不至于让皇上背负残暴的名声。”皇上也对她的这一做法十分赞同。

这位皇后的冷静与理智确实让人非常佩服，在皇帝盛怒之下将审判宫人的权利交于其他官员处理实在是明智之举。正是因为有了平常心，让皇帝拥有很好的名声，而且还给周围的人树立了一个良好的榜样。

人们都是有喜怒哀乐的，有的人因为得到一些东西或者遇到快乐事情，会心情愉悦，看待什么事情都是好的；而遇到失意之事时，他们往往会深陷悲伤、失落等情绪。若能试着多些平常心，淡然地看待得失，就能收获更多惊喜与快乐。

平常心在适当的时候所产生的力量是不可估量的。一般来讲，保持一颗平常心可以有以下几种好处：

1. 平常心让人正视自己的缺点和不足，并时时反省

拥有平常心的人，能够正视自己的缺点和不足。他们不加掩饰地将最真实的自己展示在人们面前，也勇于接受他人的批评和指正。他们懂得进行自我反省，能够不断地自我审查，希望更加全面地了解自己。他们大都比较理智，因为了解自己的真实实力，他们能准确找到自己的位置，能制定合理的目标，不至于因期望过高而处处碰壁。人生并不是一帆风顺的，但是保持一颗平常心能让人生多些快乐。

2. 平常心可以让你的生活充满快乐

生活并不总是一帆风顺，总有各种坎坷掺杂其中，有失败，也有成功，有高兴，也有悲伤。若我们总是沉浸在失败或者悲伤中，那么生活也就处于一片阴霾中，很难获得真正的快乐。不如看开些，以平常心面对人生的潮起潮落，那么你必定能收获快乐的人生。

3. 拥有平常心，可以使人正确对待失去的东西

有这样一句话，“不要为打翻的牛奶哭泣”，说的正是我们该如何面对失去的东西。失去的终究已经失去了，不论我们如何哭泣，也不会失而复得。若

能怀有一颗平常心，我们根本不会因此而悲伤，因为人生就是一个不断得到与失去的过程，有些事物不管我们对它多么不舍，也无法改变失去的事实。此时，平常心就能很好地调剂人们的心情，能让人们快速地走出失望的阴霾，重新出发去追寻新的目标。

4. 拥有平常心可以减少忧虑

现代人的疾病已经不仅现在生理上，更为严重的是在心理上的疾病，而心病大多是由内心的忧虑引起的。有医生指出，医院里有一半以上患者的病情都是因忧虑引起的，或者因忧虑而加重的。当解决这些事情后，我们就会发现我们之前所忧虑的事情并没有想象中的那么严重，只是因为少了平常心就失去了对事情的基本判断能力。有的人身体健康，但是总是担心一些根本不会发生的事情，最终引发心理疾病，而他们不过是杞人忧天。

拥有一颗平常心，人们就能淡然地面对各种诱惑，坦然地接受成功与失败，释然地面对现实与理想，欣喜地享受生活中的点滴幸福。

好脾气小贴士

每个人的人生路都各不相同，总会遇到一些快乐的事情或者悲伤的事情，但只要你保持一颗平常心，认清自己的人生方向，以积极的心态面对生活，那么，那些美好、独特的风景自然会出现在你的生命中。

懂得放弃，活得更加快乐

一个人的精力总是有限的，然而人的欲望却是无穷尽的，若不懂得放弃，最后往往沦为欲望的奴隶。生命中的美好事物有很多，但并不是所有的美好都属于我们，人应该懂得放弃。只有如此，人生才能获得更多快乐。

生活不是简单的，相反它很复杂，当我们面对复杂的人生，不能仅仅掌握一套哲学，以为只要懂得了一个道理便可以畅通无阻。有些人认为放弃是懦弱的表现，其实，事实并非如此。放弃不仅是一种明智之举，还是一种收获，该放弃的时候放弃，反而能收获更多。

放弃是为了取得更大的成功。想要更快地到达成功的彼岸，我们就应该学会放弃。人生就是一道选择题，选择是否放弃。

放弃是一门人生哲学，懂得放弃的人，生活会更加轻松快乐。其实，人生就是一个不断放弃、不断获得的过程。在不断的选择和放弃中，我们不断成长。放弃与选择决定着你的命运。

1996 年春，12 名攀登珠穆朗玛峰的登山者死于暴风雪，仅有一位叫作克洛普的登山者在距峰顶仅有 300 米时选择了放弃而幸免于难。

对于克洛普来说，登顶对他意义重大。若他能在不携带氧气的情况下成功登顶，将创造新珠峰攀登的纪录。但是要完成这一项挑战，他还需要 45 分钟的时间攀登到峰顶，如果那样做就会超过安全的时限，无法保证在天黑前返回至山下。虽然遇难的 12 名登山者中，大多数人都登上了峰顶，但遗憾的是他们都错过了安全返回。而克洛普经过几周休养之后，终于登上了峰顶，更为重要的是他安全地到达了山下。

如果克洛普与其他登山者一样选择继续前行，则必然如同那些遇难的登山者一样失去宝贵的生命。克洛普就是在关键的时刻选择了放弃。放弃是一个艰难的选择，克洛普在选择放弃时必定也经历过苦苦的挣扎或者犹豫，看着大家都坚定不移地向上走，只有他一个人独自返回。但是他最终作出了明智的决定。不执迷于名利，不执迷于权力角逐，不执迷于金钱诱惑，才能放弃不必要的执着，才能更好地实现自己的人生理想。学会选择，学会放弃，我们反而能收获更多。

1. 学会放弃，轻松生活

人生的得到和失去，很多时候都不是我们能左右的，得到和失去受很多外在因素的影响。有时毫无意义的坚持并不是一个明智的选择，学会放弃才是真的智者。在我们永远尝试但从未成功的事情上花费时间就是在虚度生命，只有学会放弃，才能抛下肩上的重担，轻松前行，继续去欣赏生命中美景。

2. 学会放弃，多一种选择

学会决断，学会放手，在你承受不起的时候。放手，并不意味着失去，只是给了我们自己多一个选择。放手，并不意味着无所作为，只是懂得有些事情是我们无法控制的。放手是一种明智的选择，是认清了现实，珍惜了拥有，是为了获得更大的成功。有时毫无意义的坚持不仅会伤害到自己，还会伤害到他人。所以，我们应该学会在坚持已经没有意义的时候果断放手。

3. 学会放弃，选择适合自己的路

要想取得成功，想要有所成就，我们就应该学会放弃。放弃并不是认输的表现，而是为了长远的发展而选择暂时的放手。学会放弃，就应该拿得起放得下，放弃并不等于失去，放弃也能有所收获。

历史上多少人为了自己伟大的、崇高的理想而放弃眼前的利益，最终有所成就，在史册中留下浓墨重彩的一笔。陶渊明为了不同流合污，放弃了功名利禄，归隐田居，成为流芳百世的“隐士”。佛教的创立者释迦牟尼为了修身养性，不惜放弃荣华富贵，放弃一切亲情、友情，最终创立了影响深远的佛教。这样的例子不胜枚举，事实就是如此，学会放弃，选择适合自己的路，才能到达成功的彼岸。

4. 懂得放弃，能离成功更近

在人生的路上，必要的放弃不是失败，而是智慧的选择；必要的放弃不是懦弱，而是升华。从某种意义上来讲，成功学也是一门放弃的学问。只有放弃那些不必要的，我们才能将更多精力放在重要的事情上，才能更好地实现自己的人生价值。

好脾气
小贴士

放弃一些没有意义的事情或者沉重的负担，你会拥有更多；放弃一条不适合你的路，你就能更好地找到自己的人生方向；放弃心灵的层层束缚，你才能轻松前行，遇见更加快乐的自己。

将你的人生寄托给希望

著名的成功学大师拿破仑·希尔曾说过："没有任何东西能够换取希望对于人的价值。当我们面对失败的时候，当我们面对重大灾难的时候，我们都应该将人生寄托于希望，希望能够使我们淡忘自己的痛苦，为我们汲取继续走向成功的力量。"当我们经历难关的时候、遇到挫折的时候，只要心中充满希望，那么必定能迎来美好、灿烂的明天。面对逆境和挫折时，我们不要退缩，也不要深陷负面情绪中不可自拔，要学会给自己留点希望，用希望去迎接未来的重重挑战。

钱钟书先生曾说："天下只有两种人。比如一串葡萄到手，一种人挑好的吃，另一种人把最好的留到最后吃。照例第一种人应该乐观，因为他每吃一颗都是吃剩的葡萄里最好的；第二种人应该悲观，因为他每吃一颗都是吃剩的葡萄里最坏的。不过事实却适得其反，缘故是第二种人还有希望，第一种人只有回忆。"在现实生活中，你是哪一种人呢？是乐观、充满希望地生活，还是活在回忆中，痛苦地追忆过去呢？

小女孩丝丝在刚满 12 岁的那一年患上了一种难以治愈的疾病——癌症。在疾病的影响下，她美丽的长发已经不复存在，且消瘦得十分厉害，癌细胞的扩散使得她无法进食。

医生告诉丝丝，自己将会全力为她诊治，帮助她重新回到学校和同学们一起愉快地玩耍，同时，每天将治疗的情况、治疗的效果都一一告诉她，使她能全面了解自己的病情，并希望她能积极配合治疗。

实际上，面对丝丝的疾病，医生也并没有十足的把握将她治愈。可是，结果却超乎所有医护人员的想象，她的身体状况正在向好的方向发展。丝丝每天都笑着询问医生自己的身体状况，她的心中充满了希望。医生也同样看到了希望，开始教丝丝运用想象力，想象着自己体内的白细胞如何与顽固的癌细胞对抗，并最终战胜癌细胞的情景。

两个星期之后，丝丝的病情向着她想象中的方向发展，她成功地战胜了癌症。对于这一结果，就连亲自给她治疗的医生也感到非常惊讶。

“祝贺你，丝丝。”医生对她的康复表示祝贺。

“谢谢你，医生，谢谢你对我的治疗，还有你对我的鼓励，它令我没有失去希望。”丝丝说，“当我刚被确诊为癌症的时候，我感觉我的整个世界都变得黑暗了，未来的每一天我都只能活在痛苦中，不知哪一天死神就会降临。但是我想起了许多事情，想起了我生命中的光明，想起了爱我的父母，关心我的同学。我只有活着，才能每天看到他们的笑脸，才能享受灿烂的阳光……所以我不能死，我要活着。”

“我非常高兴你能这么想，只要心中永远充满希望，你就可以得到无穷的力量。”医生说。

“是的，希望让我的生活发生了天翻地覆的变化。它让我战胜了死神。我以后也不会对生活失去希望的。”丝丝激动地说。

丝丝正是因为心中充满希望，才能阻止死神的到来。若我们也能心中充满希望，那么还有什么困难是自己无法战胜的呢？只要心中充满希望，对未来充满信心，用积极的态度对待生活中的一切，我们的人生就能更加有意义，未来也有了更多可能。我们应该学会心中充满希望，积极面对生活，让生命多些快乐。

那么，如何做才能让我们充满希望呢？

1. 凡事多朝正面想

当我们遇到一些突发状况的时候，往往就开始变得焦躁、消极、失望，甚至向身边的人发脾气。这时候，首先应该承认客观现实，虽然这些现实我们暂时无法改变，但是我们可以改变自己的想法。试着多从正面去思考问题，寻找解决问题的方案。当情况得到改善之后，我们就会发现，消极情绪对我们的影响越来越小，坏脾气也离我们越来越远了。

2. 转换关注点

当遭遇了困难，或者遭遇失败的时候，很多人会一时无法走出消极的情绪，看不到未来的希望。但是，对于那些已经过去的事情，今天我们是无法改变的。你过分关注那些历史只会令你悲伤、消极，不如学着转移关注点，将那些不愉快的经历统统都抛掉。活在当下，充满希望地面对未来，你可以做一些事情来弥补曾经的过失或者当初的不良后果。如此，我们就能充满希望地面对未来了。

3. 找到适当的发泄方式

当你有不良情绪的时候，你可以试着向你的好友或者亲人倾诉，听听别人的意见，换一种积极的心态看待问题。你可以选择的发泄方式还有很多，如打球、游泳、散步、读书、唱歌等。当这些情绪发泄完后，你又成为一个对未来充满希望的人了。

每天给自己一个希望，无论是对你亦或你身边的人，都有积极的影响。不要悲观地生活，每天给自己一个希望，你的生活也将因此变得更加丰富多彩。

好脾气小贴士

每天都给自己一个希望。不因昨日的失败而悲伤，不因未来而担忧。试着每天用希望迎接全新的一天，用欢笑结束美好的一天，用内心真正的快乐装扮我们的生活。

情商的力量是无穷的

人生在世，很多事情往往不是按照我们预想的方向发展的。在这个时候，有的人会大动肝火、情绪波动或者大发脾气。其实，发脾气对解决问题并没有什么实际意义，很可能令很容易解决的事情变得复杂化。而一个情商高的人就能够通过控制自己的情绪，找出适合的办法来摆脱一些困境，让自己保持积极的状态。

情商是一个人处理情感的能力。情商有高低之分，而它的力量也是无穷的。一个情商高的人能够更好地控制自己的情绪，遇到事情的时候能够保持冷静，理智思考，不会因一时冲动而做出失去理智的事情。而情商低的人很可能因不能及时宣泄自己内心的消极情绪，而让自己总是沉浸其中，这些情绪很可能会威胁到他们的身心健康。

当遭遇挫折的时候，低情商的人很可能无法控制好自己的情绪，这对自己和他人都有不好的影响。所以，这一做法是十分不可取的。当我们遇到一些不好事情的时候，不要抱怨命运，应该试着改变自己的态度，积极面对生活。将这些不好的事情当作我们通向成功的阶梯，促使我们不断成长。生活过得是否快乐、幸福，全都取决于我们以何种态度去面对，如何去调节自己的情绪。所以，想要获得幸福的生活，培养情商是必不可少的准备。

那么，人们该如何培养高情商呢？其实，情商不同于智商，情商是可以通过学习和有意识的锻炼有所提升的。我们参考以下几方面内容来获得修炼。

1. 培养情商的意识

首先，我们应该树立培养情商的意识。这个观念会促使我们在生活中不断学习，将这一观念融入我们的意识中，让我们不断改正、提升，在点滴生活中培养自己的情商。叔本华曾说过：“在所有我们所做和所受的经历当中，意识素质是占着一个经久不变的地位的；一切其他的影响都依赖机遇，机遇都是过眼云烟，稍纵即逝，且变动不已，唯独个性在我们生命的每一刻钟是不停工作的。”所以，只有培养完善的个人品质，才能唤醒我们的情商意识。

2. 善于体察和控制自己的情绪

我们要善于体察和控制自己的情绪，不仅能够了解自己情绪上的变化，还能控制好自己的情绪，不乱发脾气，以免给自己和身边的人带来不好的影响。我们应该试着成为情绪的主人，而不让情绪左右我们的生活。当然，控制情绪也需要一个循序渐进的过程。

3. 良好的控制力

相对没有自制力的人，一个有良好控制力的人更容易获得成功。我们不应该因一些小事而斤斤计较，也不要被那些困难而打倒。我们应该试着把控好自己，保持清醒的头脑，理智地面对各种突发状况，让生活更加美好，让坏脾气远离我们的生活。

好脾气小贴士

当你想要生气的时候，你要试着提醒自己，控制好自己的情绪，考虑一下发脾气可能造成的不良后果，这样就能理智地思考问题。只有控制好自己的情绪，你才能更好地施展自己的才华，绽放属于自己的光芒。

第05章

别让你的怒火烧掉眼前的美好生活

“愤怒”是一个亘古不变的话题，我们会遇到很多无法预料的事情，人无完人，无论是有多么高尚品德的人都会有忍不住发脾气的时候。但是，有的人却总是因为一些小事而大发雷霆，试图通过生气来宣泄自己的情绪。幸福、快乐是每个人心之所向，而愤怒就如同一颗会随时爆炸的炸弹，威胁我们的工作和生活，毁掉我们眼前的美好。所以，如果你想要获得幸福、快乐的生活，那么就从现在开始控制自己的情绪吧！

愤怒就如同一座火山，随时有爆发的危险

生活中，愤怒的情绪像极了一味毒药，让我们处在消极的情绪中，甚至失去理智，做出不明智的决定，影响我们未来的生活。很多人也都知道愤怒给我们带来危害，也时常告诉自己要控制自己，少些愤怒，但是一旦遇到事情，他们还是会瞬间爆发。愤怒随时可能毁掉我们美好的人生。因此在某些情况下，我们要学会控制好自己的情绪，理智地寻求解决问题的办法，千万不能一碰到“导火线”就暴跳如雷，最终引发很多无可挽回的后果。多一点理智，就少一点后悔；多一点自我控制，生活就多很多美好。

所以，在人生的旅程中，我们应学会消除愤怒。聪明的人会尽量控制自己的情绪，让自己远离愤怒。试想一下，假如遇事就愤怒，整日让自己的情绪如同火山般爆发，那么我们的人生还何谈幸福呢？

英国著名的生理学家约翰·亨特是一个脾气极其暴躁的人，稍稍一点小事就能让他暴跳如雷，由于时长处于愤怒状态中，他的身体越来越不好。约翰·亨特曾经笑称：“如果谁想杀死我，只需要激怒我就可以了！”

一次，约翰·亨特和妻子因为一些无关痛痒的小事而大吵起来。这次争吵之后，他被查出患有严重的心脏病。自此以后，他的妻子与他相处都小心翼翼，生怕哪个举动或者哪一句话触动他敏感的神经令他大发脾气。

可是在不久后的一个学术交流会上，约翰·亨特与一位教授的观点产生了分歧，这让他怒不可遏，立刻拍案而起。随着争论不断升级，约翰·亨特被气得当场倒地昏迷，最终因抢救无效而永久的失去了性命。约翰·亨特正如他开玩笑所说的那样，因愤怒而死了。

暴脾气的约翰·亨特当然是个特例，但也有相关研究表明，最后失去控制、大发雷霆的人，通常都经历了连续的情绪累积过程。

愤怒就其本身的特性来说是短暂的，它来得快去得也快。对于大多数人来说，若在最初的几分钟能够控制好情绪，那么愤怒的情绪也就会很快被压制下去了。但若任由愤怒情绪作祟，就可能愈演愈烈。

想要消除愤怒，最好能够自我控制好情绪。当你感觉自己的愤怒情绪急需表达的时候，你可以尝试像下面这样去做：

1. 不要把问题个人化

当别人的某些行为或者话语令你不快的时候，对方很可能并没有意识到给你带来了不好的影响。也许他只是受到外界因素的影响而想要发泄心中消极的情绪，这并不是针对你本人。

2. 不要总是指责别人

人与人相处，不要总是指责他人。一旦开始指责另外一个人，就很容易让你更加深陷消极的情绪。所以，已经过去的事情就让它随风而逝吧，不要斤斤计较，不要耿耿于怀，这样你就能更好地保持快乐的心情。

3. 不要总想着报复

有些人因为对方的无心之失而想要报复对方。与其将时间浪费在毫无意义的报复中，不如多做一些有意义的事情。

4. 积极寻找消除愤怒的方法

当你感觉你有愤怒情绪的时候，不应该让愤怒左右自己的生活或者行为。为了更好地消除你的愤怒情绪，你可以听听音乐，参加体育运动，和他人诉说一下心中的不满等。消除愤怒的方法有很多，你可以从中选择适合自己的，让自己的生活远离愤怒，远离坏脾气。

好脾气
小贴士

失去冷静、被愤怒控制是很容易的，但时时刻刻都能保持冷静却是很难的。从根本上说，保持冷静就是在愤怒左右你的情绪和行为之前有效地控制住愤怒，也就是有意识地控制好情绪，不任其发展进而影响我们的工作和生活。

针尖对麦芒，不如学着让步

一位哲人曾经说过："航行中有一条公认的规则，操纵灵敏的船应该给不太灵敏的船让道。我认为，这在人与人的关系中也是应遵循的一条规律。"在人际交往中，人们因观念、思维方式、个人习惯等方面的不同，而迸发矛盾或是冲突。这时，我们不妨借鉴一下上面这句话，不如学着让步。与其针锋相对，不如选择退让。退让并不是惧怕对方，而是为了更好地解决问题、化解矛盾。

在一架飞往加利福尼亚的飞机上，一位乘客请空姐帮他倒一杯水。空姐很有礼貌地说："先生，现在飞机还未起飞，为了您的安全着想，请稍等片刻，等飞机平稳飞行后，我会立刻把水给您送过来，可以吗？"

30分钟后，飞机早已进入了平稳飞行状态。突然，乘客服务铃急促地响了起来，空姐猛然意识到：糟了，由于太忙，她并没有按照自己所说的那样将水送到乘客手中！当空姐来到客舱，看见按响服务铃的果然是刚才那位乘客。她小心翼翼地将水送到乘客的面前，并微笑着对他说："先生，实在对不起，由于我的一时大意，延误了您吃药的时间，我感到非常抱歉。"这位乘客动都没有动一下，淡然地说道："这就是你的服务态度，你们是怎么对待乘客的？"空姐听着对方的话，心里感到有点委屈，但是，无论她如何寻求对方的谅解，这位挑剔的乘客都不肯原谅她的疏忽。

在接下来的飞行途中，为了弥补自己的过失，每次去客舱给乘客服务时，这位空姐都会特意走到那位乘客面前，面带微笑地询问他是否需要水或者别的什么帮助。然而，那位乘客仍是一副十分生气的样子。

飞机降落前，那位乘客要求空姐把留言本给他送过去，明显地，这位乘客要就这个问题提出意见了。此时，空姐心里十分难受，但也无法改变什么。她将留言本送到乘客手中，并微笑着说道："先生，请允许我再次向您表示真诚的歉意，无论您提出什么意见，我都将欣然地接受！"那位乘客想说什么，可是最终什么也没有说，但明显表情有了些松动，他接过留言本，开始在本子上认真地写起来。

等到飞机安全降落，所有的乘客陆续离开后，空姐心想自己要因为自己的疏忽而挨批评了。让她没想到的是，留言本上并没有投诉她的任何文字，相反，那位乘客写了一封热情洋溢的表扬信，表扬了她热情的服务态度以及诚恳的认错态度。

若那位空姐和那位乘客针锋相对，只会让事情向更加不好的方向发展，她得到的肯定不是表扬信了，迎接她的将会是批评或者更加糟糕的状况。

其实，生气是一种比较常见的情绪，当面对让你情绪低落的人的时候，应该学会让步，学会以柔和的方法去解决问题，这样很多事情就能向好的方向发展，而你也将获得他人的尊重和赞扬。当今社会，我们总是不断地与身边的人接触，与他人发生矛盾也是在所难免。有的人选择针锋相对，但即使与他人争吵赢了也毫无意义，这样只会破坏双方的感情。与他人针锋相对只会影响我们的心情，让我们陷入情绪失控的深渊。世间只有一种方法能让你在一场争端中获益，那就是避免与他人针锋相对。

那么，面对双方意见冲突，我们应该怎样应对呢?

1. 先听取对方的意见

人总是会有一种表现自我的欲望，想要表现自己内心的真实想法，当这种欲望无法得到满足的时候，就很难认清听取对方的意见。如果这样，对方会感觉自己未受到尊重，就很难和你进行良好的沟通。因此，当你想要对方更容易接受你的意见，不妨先学会尊重对方，倾听对方的意见。

2. 不要急于反驳

当与他人意见不一致的时候，不要急于反驳，而应该保持冷静，理智思考对方意见中的有价值的部分。如果你无法控制自己的情绪，不妨试着先注视对方的脸，待情绪稳定后再答复。这样不仅能够体现出你对对方意见的重视，还能令对方感受到你的尊重。即使你十分不同意对方的意见，也不应该立即反驳。否则，对方会认为你不尊重他，根本没有考虑到他的意见。

3. 适当地做出让步

当双方发生意见分歧的时候，每个人都认为自己的想法是正确的，对方的观点是不可取的。其实，不管是何种争论，每个人的意见都可能有合理的成分。当发生这一状况的时候，你不妨试着适当地做出让步，这样有利于大家的统一，更好地解决问题。当你对对方的意见做出某些让步的时候，对方也同样地会做出让步。

4. 给对方面子

当你与别人发生争论时，要注意给对方留面子，不要让对方下不来台。人们在发表了自己的意见之后，即使知道自己的想法过于片面，也不会轻易改变，因为每个人都有自尊心，一旦承认自己的不足，就觉得会令别人看不起。因此，为了给对方留点面子，你最好给对方留个台阶，这样更有利于双方的和谐相处，以达到在不同意见中找到相同点的目的。

好脾气小贴士

人生在世，我们总是与身边的人不断接触，这也就少不了与人发生争吵，与其与人处处争锋，不如回避与人争执。如此做你才能有效掌握自己和他人的情绪，更好地和他人沟通。

摆脱偏激，换个角度想问题

偏激是一种心理疾病，分为性格偏激和情绪上的偏激。偏激让人很难与别人和谐相处。那么。这种心理是什么引起的呢？原因多种多样，但主要还是源于知识上的贫乏，见识上的孤陋寡闻，人际交往方面的自我封闭等。这种性格上的缺陷常常使人们缺乏一定的理性思维，他们有时会将时间浪费在一些毫无意义的事情上，以致自己离成功越来越远。因此，人们只有善于克制这种缺陷，才能更好地工作和生活。

有主见，有头脑，不随波逐流，这无疑是一些令人钦佩的特质，但是，这还要以不固执己见、不偏激执拗为前提。我们无论做什么事情，都应该试着从多方面看待事情，这样就能避免以偏概全。把自己的偏见当成真理至死不悟，这无论对自己还是对他人都有百害而无一利。如果不认真纠正这种习惯，只会让自己人生的道路越来越狭隘。

思雨在一家上市公司做部门经理。有一天，他找到公司总部并对负责接待的欧妮说："我们总监对我一直有偏见，说我没有创新精神。我做了三年的部门经理，业绩也不错，可一直没有提升，而与我同时进公司的人已经晋升为分公司总经理了，看来我在这个公司也没什么发展空间了，我也要找时间准备辞职了。"欧妮想要了解事实的真相，不让公司流失优秀的员工。一次她在和公司老板吃饭的时候，就有意提到了思雨。老板也打开了话匣子，说：“思雨有些小聪明，可比较守旧，没什么创意，他做事也没什么计划，总是无法按照计划完成任务。他的脾气还不好，稍不如意就想逃避责任，像这样的人谁敢委以重任？若给他一个很重要的位置，哪一天他心血来潮不想做了，那么我该怎么办呢？况且，他做事情缺乏主动性，很多事情要我主动找他，他才会向我汇报，他什么事情都不为我考虑，我如何放心提拔他呢？”

事后，欧妮便把老板的话委婉地说给思雨了，思雨却一脸委屈地说：“老总对我就是有偏见，没有政策支持怎么能行？另外，每次我去找他说点事情，总是要等一个小时，你说说我哪有那么多空闲时间？”接着，欧妮问思雨：“这些情况是否都当面向老总沟通与交流过？”他连连摇头说：“没有……”

现实生活中，这样的例子还有很多。偏激的人在情绪上的表现还带有冲动性，总是按照个人的好恶和一时的心血来潮去论人论事，缺乏理性的态度和客观的标准，易受他人的暗示和引诱。如果对某人产生了好感，就认为他一切都是好的，明明知道对方也会犯错误，也有缺点，但就是不愿意承认；相反的，如果他们不喜欢某人，那么对方在他们看来就绝对一无是处。

那么我们应该如何改变偏激的心理呢？

1. 要首先解决认识上的“偏”

这就要我们努力学会全面地、客观地看待问题，试着换个角度看问题，就会有不同的收获。正所谓“横看成岭侧成峰，远近高低各不同，不识庐山真面目，只缘身在此山中”。我们应该从多方面看待事物找到其本质，就可以更容易地远离偏激了。

2. 要养成勤于思考的好习惯

古语有云，“三思而后行。”养成勤于思考的习惯是一个十分有效的远离偏激的好方法。有时候我们做的错事往往是因为缺少了深思熟虑。当你在做事情前都能花费时间去认真思考，这样就能减少“偏”出现的频率了。

3. 控制自己的情绪

我们在诉说自己的想法、解决问题时都应该以理服人，而不应该让情绪成为自己的主宰。当情绪成为了人生的主宰的时候，只会让不好的事情向更加糟糕的方向发展。只要懂得了控制好自己情绪的重要性，事到临头，你才会更好地控制好自己的情绪，克制自己的消极情绪。这时及时地暗示、提醒自己则是一个有效的方法。“这时我一定不能激动，否则事情只会更加糟糕。”控制好自己的情绪能帮助我们更好地远离偏激。

4. 有理让三分

在我们日常的生活中，即使自己是有理的一方，也不应该和对方针锋相对，应该用宽广的胸怀去感化对方，让对方感受到你的真诚，而不是和对方斤斤计较。有理也要让三分，这样会使人与人之间的相处更加和谐，让陌生人之间的距离也没有那么遥远。

好脾气小贴士

在生活中，我们应该学会消除内心的偏激，尊重他人的生活方式和不同意见。每个人都有自己的生活方式、追求等，不必强求每个人都和你意见一致。你可以有个性、有锋芒，但也要以不伤及无辜为前提，要知道，身边的人可以因为你的某些特质而欣赏你，也可以因为你的偏激而远离你。

哪里有怒气，哪里就有冲突

怒气是一种具有破坏性的情绪，也是一种最无力的情绪，生气的人只是为了自己心中痛快，而忘了身边人的感受。而当你发完脾气之后就会发现，发泄心中的怒火对解决问题毫无帮助，甚至还会加速事情的恶化。

俗语说："一个愤怒的人只张开嘴巴，却闭上了眼睛。"愤怒加上情绪的煽动，会燃烧得更为炽热。在盛怒之下，人会失去理智，做出伤害自己危及他人的事情。愤怒会使人赔上自己的声誉、工作、朋友及所爱的人、心情的宁静、健康，甚至失去自我。

有一个人因为一点小事和邻居大打出手，谁也不肯让谁。正打得难解难分的时候，一位牧师恰巧走了过来。"牧师，您来帮我们评评理吧！我那邻居做的实在太过分了，他竟然……"那个人怒气冲冲，一见到牧师就抱怨连连。

他正要大肆指责邻居的不对，却被牧师打断了。牧师说："对不起，正巧我现在有事要去隔壁镇子，我们明天再聊吧。"

第二天一大早，那人又愤愤不平地来了，不过，怒气显然没有昨天那么强烈了。"今天您一定要帮我评出个是非对错，那个人简直是……"他又开始数落起别人的劣行。

牧师不快不慢地说："你的怒气还是没有消除，等你心平气和后再说吧！正好我的事情还没有办完。"

一连好几天，那个人都没有来找牧师。过了几天，牧师在前往布道的路上遇到了那个人，他正在农田里忙碌着，他的心情显然平静了许多。牧师问道："现在，你还需要我来评理吗？"说完，微笑地看着对方。

那个人羞愧地笑了笑，说："我已经心平气和了！现在想来也不是什么大事，不值得生气的。"

牧师仍然不快不慢地说："这就对了，我不急于和你说这件事情就是想给你时间消消气啊！记住：不要在气头上说话或行动。"

人与人之间难免会为了工作发生矛盾和争吵，产生怨气和怒气。而如果时常处于这种情绪，不仅影响人们和谐的人际关系，还会危害自己的身心健康。

所以，无论你是谁，身处何种位置，都应该充分认识到愤怒的破坏性。也许你曾经深受愤怒的伤害，但从此刻开始，你就应该学会消除愤怒，学会有效地控制自己的情绪，让消极的情绪消失于无形。这样，愤怒也就没有形成的条件了，你就能远离愤怒的伤害了。

当愤怒的情绪出现的时候，要想抑制并不是太容易。因为在抑制过程中，你的能量会消耗殆尽，心理也会严重受挫。要解决这个问题，最好的办法就是学会消除怒气的小办法。

1. 自我控制

在发火时，我们应该有意识地控制好自己的脾气，要学会体谅他人，不对别人的缺点或者错误念念不忘，用宽广的胸怀去接纳他人。这对消除怒气有一定效果。

2. 远离事发地点

当你与别人发生争执的时候，双方肯定都有情绪。为了避免情况进一步恶化，最好远离事发地点，这样就能做到眼不见心不烦，怒气也就自然消除了。

3. 转移注意力

若你一直想着令你生气的事情，只会越想越气愤，越来越难过。不妨试着转移自己的注意力，做一些自己感兴趣的事情，如运动、读书、画画、听音乐等，让愤怒在这些令你高兴的事情中逐渐消失。

4. 及时发泄情绪

当你感到气愤时，可以试着寻求发泄消极情绪的方法。或者将自己的感受向你的朋友或者家人倾诉，或者在运动中释放消极情绪，或者让那些不好的情绪在优美的音乐中消失于无形等。若不及时发泄，消极的情绪积压在内心中将会影响自己和身边人的工作和生活。

若一时找不到适合自己的方式，你还可以将令你发怒的事情、原因和经过用文字描述出来。当写完之后，你就会发现事情并没有想象中的那么令人气愤，甚至还有一些小小的收获，从而消除内心的怒火。

好脾气
小贴士

本杰明·富兰克林曾说过："如果你老是争辩、反驳，也许偶尔能获胜，但那是空洞的胜利，因为你永远得不到对方的好感。"若你无法找到消除自己怒火的方法，那么生活也就多了很多矛盾和冲突。

抑郁只能加速自己出局

长时间情绪低落、闷闷不乐或悲痛欲绝，对日常生活丧失兴趣，精神萎靡不振，失去自信……心理的忧郁常常会带来功能上的失调，给健康埋下一个隐形炸弹。

抑郁是人们常见的情绪困扰，是一种感到无力应付外界压力而产生的消极情绪，常常伴有厌恶、痛苦、羞愧、自卑等情绪。它没有年龄、性别的限制，大部分人可能都有过类似的经历。对大多数人来说，抑郁只是偶尔出现，历时很短，很快就会消失；但有些人会经常地、迅速地陷入抑郁的状态而不能自拔。当抑郁持续下去，愈来愈严重，使人无法过正常的日子时，就会变成抑郁症。

抑郁是禁锢人心灵的枷锁，困扰着人们，使人不能在现实的世界中调适自我，只能渐渐地退缩到自己的小天地里，以逃避抑郁。

大部分人都可能会或轻或重地陷入抑郁。抑郁是一种极为复杂的情绪，是愤怒、痛苦、悲哀、焦虑、羞愧、自责、冷漠等情绪复合的结果。这是一种广泛的负情绪，但也是一种特殊的正常情绪，只是抑郁一旦超过了正常界限就会畸变为抑郁症，成为一种病态心理。

萌萌是家中的独生女。家中父母对她的要求极严，给她安排了很多兴趣爱好班的课程。因此，萌萌从小就要花更多的时间在学习各种技能上。她的成绩一直在班里名列前茅，她的父母对此感到很欣慰。

但是，这个学期的期末考试，萌萌因为患了严重的感冒而发挥失常，最后成绩排到了班级 23 名。尽管萌萌没有考好，但是爸爸妈妈没有责怪她，反而鼓励她，但萌萌仍旧很难过。从那之后，她开始变得沉默寡言、闷闷不乐，有时候精神不振，一副没睡醒的样子，在家学习时也打不起精神。妈妈还发现，自那之后，萌萌的饭量明显地比以前减少了。

这几天，萌萌总说自己身体不舒服，不想再去上学了。妈妈带她去医院检查身体，她也显得很不耐烦。妈妈没有办法，只好让她暂时待在家里。在家中的这段日子，萌萌很少出屋子，只有吃饭的时候才出来。

妈妈看到萌萌这个样子很心疼，于是给班主任老师打了个电话，询问近期萌萌的情况。老师告诉妈妈，自从期末考试之后，萌萌就像是变了个人似的，整天沉默寡言、闷闷不乐的，下课也不和同学们一起玩耍，上课的时候还经常走神，学习成绩也开始下降。

事实上，萌萌是陷入了抑郁情绪，沉浸在自己的世界中，很难走出来。在日常生活中，我们难免有伤心、难过的时候，若任其自由发展，则很可能发展成为抑郁。抑郁就好像透过一张网看外面的世界，无论是考虑你自己，还是考虑世界或未来，任何事物看起来都处于抑郁这张大网下。我们要摆脱抑郁情绪的困扰，让健康的心态永远伴随着我们，才能不受“心灵流感”侵袭。

1. 用乐观的人生态度面对生活

在我们遭遇失败与挫折时，要学会自我安慰、自我调节，用积极的人生态度去面对生活。遇到不好的事情，要多从积极的、好的方向去看待世界。比如，同样是遇到困难，悲观的人无法看到远处的勃勃生机，只担忧未来的坎坷之路，而乐观的人即使一时无法看到未来的希望，也能积极地面对生活。

2. 学会合理地表达情绪

在情绪不佳的时候，学会合理地表达情绪，就能将积压在内心的情绪及时宣泄出来。在遇到不好的事情的时候，你可以和家人或者要好的朋友倾诉，将那些不好的心情、事情都说出来，这样内心就能重获平静。另外，参加体育活动、听音乐、写出心中的不快等，都可以帮助人消除内心的消极情绪，避免过度抑郁。

3. 转移注意力

当你正遭遇失败或者挫折的时候，可暂时回避一下，让注意力转移到高兴的事情上去。如与朋友聚会、做自己感兴趣的事情等。

4. 扩大人际交往

悲观的人大多喜欢和自己相似的人交往，而乐观的人身边也大多是和他们一样的乐观者。想要走出消极情绪，远离消极情绪，你就应该多和乐观的人相处、学习，不要仅限于自己原来的交际圈，应该多与不同的人沟通，尤其是和积极、乐观的人交往。这些洋溢着生命活力的人会让你的生活也多些阳光和美好。

好脾气
小贴士

抑郁被称为“心灵流感”，是现代社会的一种普遍情绪，但是很多人还没有注意到抑郁对我们的不良影响。若长时间处于抑郁的状态，只会让自己的生活处于一片阴霾。这时，我们最应该做的就是积极调整自己的心态，只有用积极、乐观的态度去面对生活，才能走出抑郁的阴霾，让自己的生活也有阳光的照耀。

人不能拒绝愤怒，但可以化解愤怒

愤怒其实只是人的七情六欲之一，是指人们在遇到困难或者自己的愿望受阻，不能实现的时候所产生的一种不愉快的情绪，是一种原始的情绪。不如意的事情在人生道路上难免会出现，于是生怒气、生闷气、生闲气、生怨气……

事实上，生气不但解决不了问题，反而会使本来不如意的事情更加糟糕。更严重的是，生气还会严重地损害我们的身心健康，因此爱生气的人更难长寿。其实，愤怒并不可怕。在生活中，偶尔发泄一下怒火也无可厚非，但是一定要有个度。

曾经有一个美国的生理学家做过一个实验。他将人们处于不同情绪时呼出的气体收集在插在零摄氏度的冰水里的试管内，形成人们的“心理地图”，并在观察后得出了不同的结论。人们心平气和时呼出的气溶于水后是清澈透明的；悲痛时水中会有白色沉淀；而生气时会有紫色沉淀。随后他尝试着把“生气水”注射到小白鼠体内，几分钟之后小白鼠就死了。他在试验后得出的结论是生气会消耗人体的能量，其程度相当于3000米的赛跑，生气时所产生的分泌物比其他情绪的都复杂且具有毒性。由此可以证明，生气对于我们身体的伤害是巨大的。

人不能拒绝愤怒，但可以化解愤怒，做愤怒的主人，而不能被愤怒所支配，做愤怒的奴隶。

生气对我们还有那哪些不好影响呢？

1. 生气加快脑细胞衰老

生气会加速脑细胞衰老。随着脑细胞衰老速度的加快，大脑的功能就会逐渐减弱，大量血液涌向大脑，会使脑血管的压力增加。这时血液中含有的毒素多，氧气含量少，对脑细胞有很大的杀伤力。

2. 生气伤胃

生气还会导致脑细胞工作紊乱，这时交感神经兴奋会直接作用于心脏和血管，令胃肠中的血流量减少，蠕动的速度减慢，甚至引发胃溃疡等疾病。同时还会导致人吃不下饭。

3. 生气易导致心肌缺氧

当你生气时，体内的大量血液会冲向大脑和面部，而供应心脏本身的血液就减少了，从而导致心肌缺氧。心脏为了满足足够的供氧量只好加倍工作，于是心跳更加不规律，甚至可能使人因此丧命。当你生气时，请学着对自己微笑，想想那些令你高兴的经历，这样就能令心脏跳动恢复原本的节奏。

4. 损伤免疫系统

生气发火不仅置人于痛苦中，影响生活质量，还可能减少人的寿命。长时间的生气可能引发身体上的疾病，如失眠症、抑郁症、糖尿病、肝硬化等。生气过多，就会阻碍免疫细胞的运作，令我们的身体免疫力下降。所以，为了自己的健康着想，还是应该少生些气。

生气不仅威胁我们的身体健康，还对我们的心理健康有消极影响。生气时，我们做事易冲动，往往会造成很多无法挽回的后果；生气时，我们很容易受情绪的影响失去理智，对事物的判断也失去客观性；生气时，我们可能伤害到身边的人，结果影响人际关系。所以，我们应该学会收敛自己的怒气。

好脾气小贴士

生气威胁着人们的健康，为了有健康的身体，我们应该学会少生些气，收敛自己的怒气。夕阳如金，皎月如银，时光匆匆，有那么多幸福、快乐的事情等着我们去体验，我们哪里还有生气的时间呢？

第06章

不因得失生怒气，减少欲望，简单的人生更美好

大千世界，欲望无处不在。人的欲望总是越来越多，而我们又无法满足自己所有的欲望。因此，很多人一直深陷在欲望的陷阱中，很难获得快乐。若我们能减少一些欲望，以欣赏的眼光看待这个世界，享受生命的美好，那么我们也就能获得简单、快乐的人生。

心是自由的天地，不是牢笼

自古以来，为了追求自由，无数的革命先烈抛头颅，洒热血；现代社会，虽然已经无需我们以生命为代价去为自由奋争，但是，对于很多人来说，自由依然是遥不可及的梦想。许多人都在追寻自由，但似乎都觉得实现目标是那么的难。其实，事实并非如此。自由完全取决于我们的内心，并不是可望不可即的。要知道，这个世界上没有任何一个囚牢能够使我们的心失去自由，即使我们深陷牢狱，失去了人身的自由，我们的内心仍可自由飞翔。因此，不要抱怨谁限制了你的自由，唯一能使你失去自由就是你的内心。若想要获得真正的自由，你首先要做的就是放开心灵的束缚。

在生活中，每个人所面对的诱惑都太多了，想要得到的也太多。因为迫切想要得到，因为害怕失去，人们变得束手束脚，不敢去寻找自己心中真正想要的。正因为心中有了很多的限制，所以心就成了囚禁我们的牢笼。人们常说，光脚的不怕穿鞋的，正是这个道理。一个人拥有的越多，越害怕失去，人也开始变得畏手畏脚，甚至失去自我，远不如一个一无所有的人那样无所畏惧。所以，放开你的心吧，心是自由的天地，而不是牢笼！

在这充满诱惑的社会，保持一颗平常心，实在不是一件易事。欲望的膨胀、意外灾难的打击、情感的跌宕……都无时无刻缠绕着我们。

荀子说："人生而有欲。"人天生有欲望并不等于欲望可以无度。宋朝理学大家程颐说："一念之欲不能制，而祸流于滔天。"古往今来，因不能控制好自己的欲望，最后无法抵御金钱、权力、美色的诱惑而失败的例子不胜枚举。这个世界到处充满诱惑，一不小心就可能走进它的陷阱。只有抵御住诱惑，不迷失自我，守住心灵的防线，你才能生活得恣意、快乐。

从现在开始，学着解放心灵的束缚，还它一个自由吧！

1. 消除内心的阴霾

内心是否自由，不在于承受了多么大的痛苦或者压力，而是取决于自己的心态。人的内心世界也会因为长时间不清理而蒙满灰尘，不再像当初那么的洁净、自由。人生在世，我们总是要经历各种各样的快乐或者不快乐的事情，阴霾自然会充斥着心灵，令人萎靡不振。所以，试着为自己的内心做一个清洁，消除内心的阴霾，让不快乐都消散，让它有更多的空间来储存快乐。

2. 学会放下过去，珍惜拥有

曾经失去的东西，我们不要总是耿耿于怀，无论我们如何想也改变不了曾经发生过的事实，不如学会珍惜。珍惜我们拥有的朋友、亲人以及全部。生活中，我们应该试着放下过去，重新出发。自己所拥有的东西已经很多，未来有更多的有意义的事情等着你去做，何不从现在开始珍惜拥有的呢？

3. 自我反思

我们还应该学会时常自我反思。人是不断前进的，在这个过程中，总会有各种困难、陷阱夹杂其中。一个人想要获得内心的自由，就应该时刻反省自己，消除那些路上的困难和陷阱，让人生有更多可能。

好脾气小贴士

心若不自由，不管身处何地，你都是受束缚的；心若自由，不管你身处何方，你都是自由的！

看淡生活，不计得失

面对生活，我们只有好好对待这一个选择。每个人就像漂泊在茫茫大海中的一叶小舟，阳光灿烂的时候，我们感觉幸福、快乐，而风雨交加的时候，我们慨叹命运的残酷，一切的感知都由心而生，也会由心而灭。而人生就是一个不断失去、不断得到的过程，既有得到的喜悦，也有失去的痛苦，并且得失不可能总是成正比，这才是人生的常态。

薛泽通先生曾在书中写道："你如果以挑剔的心态、灰色的心态去看待人生，你就觉得人生真是千疮百孔，一无是处；如果你以平常的心态、超然的心态去看待，你就觉得一切苦难和幸福都很正常；如果以审美的心态、艺术的眼光去看待，你就觉得所有经历都是一笔财富，人生就是一场大戏，丰富、完美而滋润。"

如此看来，我们是否快乐全都取决于我们自己。只要不过分看重得失，不总将失去的痛苦记在心间，生活就会充满快乐与幸福。"有得必有失，有失必有得，事多无兼得者。"人生的得到与失去相辅相成，也正是因为这样我们的生命才更加多姿多彩。

从前，有一个居住在长城外的老爷爷。他的儿子酷爱骑马。一天，他家的一匹马狂奔到了塞外的大草原上。这时，他的邻居都过来劝他，说："你虽然丢失了一匹骏马，但你还拥有很多啊。凡事看开些，身体健康才是最重要的。"这时，老爷爷却非常平静地说："不要紧的，失去骏马虽然让我一时难以接受，但说不定这会成为一件好事呢！"

几天过去了，令人意想不到的事情发生了，老爷爷丢失的骏马带着一匹难得的北方少数民族的良马归来了。众乡亲闻讯，纷纷前来道喜。这时，老爷爷又意味深长地说："谁知道这会不会变成一件坏事呢！"家里又多了一匹良马，老爷爷的儿子自然十分高兴，他跃跃欲试地想要骑着新马去大草原驰骋一下。有一天，他骑着那匹马去外面游玩，因为骑得过快而从马背上掉落到地上把大腿骨摔断了。左邻右舍又来探望他、安慰他。这时站在一旁的老爷爷不紧不慢地说：“谁知道这会不会成为一件好事呢！”众人听完之后是一头雾水。

一年后，北方的部落大举入侵塞内，村子里的青壮年都被抓去当兵了。而老爷爷的儿子因为跛脚而被排除在征兵名单之外，也正是因为这样才保住了一条命。那些被迫去当兵的人大多死于战场了。这也正应了老爷爷的那句话：掉下马背也许是一件好事。

从上面的故事中可以看出，得与失本就形影不离，有得就有失。“失”对每个人来说，或许都是一段不愿提及的伤痛，因为要放弃一些东西，因为失去就意味着不再拥有。然而，把握住“得”与“失”的分寸对人们来说却是至关重要的。若总想着得到，不想放手，那么你将一无所有。

生活给予我们每个人的都是一座丰富的宝库，但你必须懂得正确把握住“得”与“失”的分寸，选择适合你自己的，否则，生命将难以承受！

不计得失能够减轻我们生命的重量，给我们的生命注入更有价值的东西，让我们的生命变得轻松而有意义。

1. 放下过去

我们应该如何看待人生中的得与失呢？拥有一颗平常心能让我们远离痛苦，收获更多快乐。在生活中，很多人无法彻底走出过去的阴影，令自己无法感受到今天的快乐，他们的生活总是充满痛苦、悲伤。若我们能放下过去，以豁达的心态来看待世界，也就能看淡生活，不计得失了。

2. 知足常乐

知足是一种人生处世的哲学，常乐是一种简单、豁达的情怀。知足常乐，就是一种自我调节，将自己从悲伤、失望等消极情绪中解救出来，珍惜拥有，享受生命的精彩。老子曾说过：“祸莫大于不知足，咎莫大于欲得。”这句话在当代仍有现实意义。有的人总是在自己欲望的支配下行动，成为欲望的奴隶，最终迷失自我。当欲望无法得到满足的时候，他们会失望、伤心、抑郁。这时，人们就应该学会知足常乐，只要学会知足与珍惜，就能享受到更多快乐。

3. 失去并不一定意味着失败

在生活中，很多人觉得失去就意味着失败，其实事实告诉我们，失败只是走向成功的必经之路。在失败中不断积累经验，我们能够不断提高，更快到达成功的彼岸。其实，失败和成功并没有统一的评判标准，塞翁失马焉知非福，也许得到的背后就是失去，而失去的背后却是得到。过分看重得失，不仅会令生活缺少很多精彩，甚至还会让我们失去很多自己珍视的东西。所以，我们应该学会看淡得失，享受生活的更多精彩。

好脾气小贴士

看淡得失，生活就能多些快乐，少些烦恼。看淡了得失，你也就能跟好地找到自己的位置，把握自己的人生方向，实现自己的人生梦想。

人生在世不必过分苛求完美

人生在世，每个人都不可能独立地生存在这个世界上，每天都要与身边的人不断接触。既然是接触，就难免发生摩擦、产生矛盾。很多时候，我们以为自己是完美的，因而也以同样的要求去衡量他人，其实你并非是完美的，为什么要求别人和你一样呢？金无足赤，人无完人，每个人都有自己的缺点，不管接受不接受它都是客观存在的，这就是真实的自己。谁都不是完美的，这就是现实。

而对于完美的解释，有位哲学家曾说过，既然太阳上也有黑子，人世间的事情就更不可能没有缺陷。其实，完美与不完美也只是一个相对的概念。什么才是完美的呢？每个人都有自己的解读，始终也没有一个统一的标准。

而现实生活中，总是有一些追求所谓的完美的人。他们常常不切实际，以过分挑剔的眼光看待周围的人和事，总是对事事都不满意。世上本就无十全十美的东西，他们总是追求虚无缥缈的完美，关注生活的点滴细节，努力去改善它们，尽量使其完美并乐此不疲，但是，最终往往失望而归。虽然他们都是用实际行动来追求完美，但追求完美本身就是一件始终无法实现的事情。

有一座寺庙里住着几位和尚，他们的师父老住持想从这些弟子中选择一个合适的接班人。他通知所有弟子到大堂集合，交给他们一个任务，对他们说："人们常说世上没有两片相同的叶子，那么，你们去树林中寻找最完美的叶子给我带回来吧！"弟子们面面相觑，不知道其意，但还是向树林走去。

弟子们都在林间四处寻找，可问题是，如此多的树叶，哪一片才是住持所说的最完美的呢？大家都冥思苦想，把寺庙附近的山林都逐个翻遍了，也没有找出最完美的那片树叶，最后气喘吁吁地回到了寺庙里。但是，其中有一位弟子却和大家不一样，他随便在林中捡了一片树叶来交差。原来他也和大家一样，并不知道什么样的才是完美的。他觉得每一片树叶都差不多，就随便拿回来一个。

弟子们来到老住持的面前，结果都是空手而归，只有那位弟子平静地把那片树叶交给老住持。老住持问他："你捡的这片树叶是最完美的吗？"这位弟子回答道："是的。虽然在您眼中或许不是那么完美，但在我眼中，它就是最完美的。"

是啊，只要做好自己，做自己眼中的完美就好，何必在乎他人的标准呢？人生在世，不必苛求完美。越是苛求完美，越会使人的精神绷得更紧，仿佛自己压上了沉重的负担，却忽略了身边那些能让我们感到快乐、幸福的事物。

1. 学会放弃完美

想要做到不苛求完美，我们首先应该认识到正是因为不完美，生命才有了更多的精彩。只有从意识上接受了这一现实，我们才能更好地向自己的目标进发，这才是人生真正的意义所在。

人生在世，时光匆匆，我们不该将时间浪费在那些没有意义的事情上，如抱怨、苛求完美等。有的人觉得自己魅力不足、没有运动细胞、没有接受很好的教育等。这时，人们就应该多想一想自己拥有的那些美好的事物。没有什么人是完美无缺的，我们也是如此。我们所拥有的东西已经很多了，而那些我们不曾拥有的东西，我们还可以通过自己的努力去追寻。若我们什么东西都拥有，那么人生还有什么意义呢？我们不应该因为自身的缺点而自卑，而应该感谢它们，正是它们的存在，我们的人生才有更多可能。

2. 学会宽容

古语云："甘瓜苦蒂，物不全美。"金无足赤，人无完人，完美事物只存在于理想世界。任何人都有自己的优点和缺点，我们只有接受了自己的不完美，才能更好地完善自我，实现自己的人生目标。因此，无论是做人还是做事，都不要过分苛求完美，对自己和他人宽容一些，不要因为自己不完美就消极生活，不完美才是真实的人生。

好脾气小贴士

哲人说："不求尽如人意，但求无愧我心。"要知道，在这个世界上，完美是不存在于真实世界中的，对于完美的追求只是一种美好愿望，心之所向。只要享受到生命中的幸福，不苛求完美，那么这也是一种美好。

减少欲望，找回内心的平静

法国杰出的启蒙哲学家卢梭曾对物欲太盛的人作过极为恰当的评价，他说：“十岁时被点心、二十岁被恋人、三十岁被快乐、四十岁被野心、五十岁被贪婪所俘虏。人到什么时候才能只追求睿智呢？”的确，人的欲望越来越多，但是我们又无法满足自己所有的欲望。人心很难达到满足的状态，没有金钱就追求金钱，有了金钱又想获得名利，得到了名利又想得到高官厚禄……这样内心永远无法得到满足，很难得到快乐。

卡耐基曾说：“要是我们得不到我们希望的东西，最好不要让忧虑和悔恨来苦恼我们的生活。且让我们原谅自己，学得豁达一点。”古希腊哲学家艾皮科蒂塔认为，哲学的精华就是：“一个人生活上的快乐，应该来自尽可能减少对外来事物的依赖。”罗马政治学家及哲学家塞尼加也说：“如果你一直觉得不满，那么即使你拥有了整个世界，也会觉得伤心。”我们应该学会减少欲望，从而获得内心的满足。

一个沿街流浪的乞丐整天幻想自己一夜暴富，然后尽情挥霍。一天，这个乞丐在一个无人的角落发现了一只十分漂亮的小狗。他看狗的身边并没有主人，便把狗抱回了他住的桥洞里。

而这只狗真正的主人正在苦苦寻找它。狗的主人是本地一个著名的企业家，家里十分有钱。这位企业家和狗的感情十分好，在创业最艰苦的岁月中，只有狗与自己相伴。为了找回狗，他就在当地电视台发了一则寻狗启事：如有拾到者请速还，付酬金两万元。

第二天，乞丐沿街行乞时看到这则启事，便迫不及待地抱着小狗准备去领那两万元酬金。可当他匆匆忙忙抱着狗走电视台时，却发现启事上的酬金已变成了 4 万元。原来，企业家见并没有人提供狗的线索，怀疑是酬金太少了，于是他就通知电视台将酬金提高到了 4 万元。

乞丐似乎不相信自己的眼睛，想了想又转身将狗抱回了桥洞，重新拴了起来。第三天，酬金果然又涨了，第四天又涨了，直到第七天，酬金高得让市民都感到惊讶时，乞丐才跑回桥洞去抱狗。可想不到的是那只可爱的小狗已被饿死了。

欲望越多，越容易失去。那位乞丐正是因为欲望越来越大，最终什么也没有得到。一个人多一分欲望就少一分快乐，相反，少一分欲望也就多一分快乐。生活中，我们很多时候之所以觉得自己活得累，原因就在于我们要求的太多，不断地索取，自然会身心疲惫。

那么，如何合理控制欲望呢？

1. 知足常乐

知足者才能常乐。“人心不足蛇吞象”，人的欲望是无止境的。若任其自由发展，则会后患无穷。当欲望发展成了贪欲，人们则永远无法获得满足，活得也会很累。贝蒂·戴维斯在她的回忆录《孤独的生活》中写道：“任何目标的达成，都不会带来满足，成功必然会引出新的目标。正如吃下去的金苹果都带有种子一样，这些都是永无止境的。”我们永远无法满足自己所有的欲望，这样只会让你的生活离快乐越来越远。

退一步海阔天空，如果能降低一下自己的标准，内心就更容易获得满足。

2. 控制好欲望的“度”

在现实生活中，若我们的欲望太多，一旦无法实现，就很容易产生消极的情绪。其实，生活原本没有那么多痛苦，也没有那么多悲伤，只是当我们想要的东西越来越多的时候，烦恼就会找上门来。不妨试着控制好欲望的“度”，让快乐离自己的生活近一点点。

3. 不要期望太高

在很多时候，我们的内心无法获得满足并不是本身能力的不足，而是因为我们的期望太高了。当你觉得生活越来越累、越来越感觉不满足的时候，不妨静心思考一下，自己的期望是否太高了？若答案是肯定的，你就应该适当地调整自己的目标了。

好脾气
小贴士

很多时候，我们并不是拥有得太少，而是欲望太多。欲望一旦不受控制，就会让我们的内心不得安宁，难以获得幸福感。所以，我们要学会控制欲望，不做欲望的奴隶，获得快乐、幸福的人生。

学会以退为进地坚守

以退为进是人生的大智慧，但是很多人的做法却是与之相悖的。人生在世，很多人在追寻梦想的路上总是低头奋进，却从不关心旅途中美丽的风景，仿佛只要稍稍慢一点，就再也和成功无缘了。如果这时有人加入和他争夺同样的目标，他就更是忧心如焚，恨不得马上实现自己的目标，因此，他们往往容易与别人发生激烈竞争，最终很可能两败俱伤。

以退为进策略是指以退让的姿态作为进取的阶梯，退是一种表面现象，因为对对方做出了让步，让对方获得内心的满足，不仅会令他们放松警惕，而且作为回报，对方也会满足己方的某些要求，最终实现双方共赢。人际交往中的以退为进策略表现为先让一步，满足对方，然后争取更多的主动权。

曹操的英雄气概是不容置疑的，但他也有让步的时候。

“挟天子以令诸侯”是曹操的“大计”，但当他把汉献帝迎到许昌后，他并没有立刻实施此项计划。因为他知道自身的力量远不如袁绍，如果马上实施注定会失败。因此他采取的是后发制人的策略，以退为进，最终大获全胜。

当献帝在曹操的手中时，袁绍很是愤慨。于是他便摆出盟主的架势，以许昌低湿、洛阳残破为由，要求曹操将献帝迁到鄄城，以方便自己控制。曹操自然不能做此让步，但他并没有直接反对，而是以献帝的名义称袁绍为太尉，封邺侯，袁绍只好放弃了之前的打算。

与此同时，曹操安排和提升了其他一些官员。以程昱为尚书，又以他为东中郎将，领济阴太守，都督兖州事宜，巩固这一最早的根据地；以董昭为洛阳令，控制好新旧都城；以夏侯渊、曹洪、曹仁、乐进、李典、吕虔、于禁、徐晃、典韦等分别为将军、中郎将、校尉、都尉等，牢牢地掌握了军队的控制权。

曹操此时表现得非常谦恭。杨奉荐举曹操为镇东将军，袭父爵费亭侯，曹操连上《上书让封》《上书让费亭侯》《谢袭费亭侯表》等，表明他“有功不居”。曹操深知自己还是弱者，因此对袁绍的要求尽量满足，对朝廷的封赠表现出“力所不及”的谦恭。等到羽翼丰满后，他再也没有顾忌，大张挞伐，发动了历史上有名的“官渡之战”，并一举消灭了袁绍的主要军事力量。

1. 以退为进，有利于找到目标

以退为进，更有益于我们理智思考，对实现自己的人生理想有帮助。如人处于人生低潮的时候，总是慌乱不知接下来如何走下去。倘若能冷静下来，学会退一步，人生也许就能迎来柳暗花明的景象。

2. 以退为进，实现双赢

以退为进，并不是毫无原则地退让，而是为了实现双赢。在《将相和》的故事中，蔺相如处处忍让着廉颇，终于令廉颇认识到自己的不足之处，使自己和廉颇都能更好地发挥自己的才能，让国家繁荣昌盛。以退为进，不仅对自己有利，还有益于他人。

3. 学会低头

人们常说做人高昂着头，不可轻易向他人低头。但是在人生的旅途中，若我们不懂得低头，就很容易在人生中遇到很多阻碍，甚至就此与成功失之交臂。因此，做人要学会适时低头，方能活得更加精彩。

好脾气
小贴士

退一步是为了更好地坚守，更加快速地到达成功的彼岸。只知道前进不知后退的人是莽汉，只知道后退不知勇往直前的人是懦夫。只有进退有度，我们才能活得更加潇洒、自由。

学会休息，张弛有度

在这个高速发展的社会，巨大的压力、复杂的人际关系很容易让人产生紧迫感和焦虑感。每天，我们都有做不完的事情，为了工作疲于奔命，为了家庭早出晚归，最终让自己身心疲惫。我们应该学会放松，学会休息，张弛有度。

28 岁的思嘉是一个程序员。由于工作的特殊性，她时常加班，有时甚至工作到深夜。因为她时常熬夜，明显睡眠不足。虽然加班后还会放假，但是她总有一堆家里的事情要忙，很难有真正轻松的时候。所以，她每天去公司都是一副精神不足的样子。

当有大项目的时候，她的精神一直处于紧绷状态，生怕出一点错误。工作结束后即便是深夜或凌晨，她虽然身体无力，但脑子里依然很兴奋，所以总是靠安眠药入睡，经常觉得疲惫，偶尔脑子里还会瞬间出现空白，突然什么事情也想不起来。

由于身心承受着超负荷的焦虑、紧张和疲倦，思嘉有神经质倾向，并长期睡眠不足。这使她很难投入到工作中，不但精神紧张压力超过负荷，工作容易发生失误，心理上也焦虑不安。

可以预想，若思嘉一直是如此的状态，只会活得越来越累，甚至连身体都会出现不良反应。那时，还怎么体会到工作的快乐呢？所以，人们在工作的同时，也要适当地休息，要张弛有度。休息是为了更好地工作，张弛有度才能更好地享受工作中的乐趣。

作为一个生命体，人的休息和工作同等重要，懂得休息才会有完整的人生。

1. 学会忙里偷闲

在没什么事情做的时候，可以细细思考一下未来有什么安排、近期要做什么，将要做的事情都做好详尽的安排，不至于事到临头的时候手忙脚乱。当然，在繁忙的工作和家务中，我们应该学会忙里偷闲。哪怕只是休息几分钟，小憩一下，或者听几首歌，都对我们未来的工作和生活有好处。再忙的时候也有休息时间，而这些休闲时光能令我们的生活变得更加充实。

2. 给自己安排休息的时间

当你完成一天繁忙的工作后，你不妨给自己安排一些休息的时间，或许只是简单地散散步，享受一下轻松愉快的音乐，将白天的疲惫都抛下，放松一下紧绷的心情，生活也因此变得轻松、幸福。我们可以从现在开始给自己一些休息的时间，就做一些简单的事情，这也就是对自己认真生活的最好奖赏。

3. 做事分清轻重缓急

想要更好地休息，就应该提高做事情的效率。做事情的时候要有自己的计划，不要眉毛胡子一把抓，要分清事情的轻重缓急，先完成相对重要的事情，不太重要的事情可晚些完成。做事情的时候，既要保证事情完成的效果，又要保证做事效率。

好脾气小贴士

做事情与休息并不矛盾，休息也是为了更好地工作和生活。当处理好休息和工作的时间后，劳逸结合，我们才能更好地享受到生活的美好。在工作的时间认真工作，在该休息的时候就尽情享受休闲时光，才能更好地生活，更有效率地工作。

能屈能伸，才是人生的大智慧

生活在纷繁复杂的大千世界里，一个人总是和身边的人不断接触，难免发生点摩擦。此时若两者都据理力争，得理不饶人，最后只会两败俱伤。若一方能够忍让，则会“退一步海阔天空，忍一时风平浪静”。哪个更明智，高下立见。

能屈能伸才是智者的选择。“屈”不是无原则地退让，而是坚韧，富有弹性。屈者比坚者有更强的灵活性，他们能够很好地控制自己的情绪。学会“屈”方能更好地实现自己的价值，更快地到达成功的彼岸。

“大丈夫能屈能伸”，这是一条经千古锤炼而锻造出的古训，多少风云人物都是因为能屈能伸方成就一番事业。身处逆境之时，我们应懂得一个“屈”字，委曲求全，保存实力，以等待转机的降临。而在顺境中，当时机成熟的时候，我们应懂得一个“伸”字，一举取得成功。

学会能屈能伸，学会暂时忍让，学会控制自己的情绪和心智，只有这样才能更好地迎接未来的挑战。若因一时冲动而丢掉自己的长远目标，一段时间以后，你就要为曾经的错误决定而深深悔恨。人生在世，一个人不论是处于什么地位，做什么工作，都应该学会能屈能伸。

刘涛最近新开了一家公司，在很短的时间内就签订了一大笔订单，因此，他高兴地邀请了几个朋友到一家酒楼喝酒。几杯酒下肚之后，刘涛就忘乎所以了，开始手舞足蹈起来。远处的服务生看到刘涛在挥手，以为是有什么需要，因此赶紧走过来。而此时的刘涛正说到高兴之处，只见他手一抖，正在上菜的服务员手中的菜被碰到了地上。不仅如此，刘涛的上衣和鞋子上面到处都是菜汤。见此情形，服务员很紧张。恰巧，经理目睹了这一切，他赶紧走到刘涛的桌子前。

经理知道服务员没什么错，一切都是因为刘涛不小心，但是他却二话不说就拿出纸巾蹲在地上为刘涛擦鞋。刘涛见状酒醒了一半，赶紧拉起经理说：“使不得，使不得，这怎么好意思。况且，这一切都是由于我的失误，根本不关酒楼的事情。”经理站了起来，他的神情无比自然，他不像是给客人擦鞋，而像是在给自己的父母擦鞋一样觉得天经地义。经理淡淡地说：“不管责任在谁，您都是我们的客人，我有义务为您服务。”刘涛不由得冲着经理竖起了大拇指，说：“难怪您酒楼的生意如此火爆，就凭您的为人，您一定会做出一番大事业。”

堂堂一个领导，在客人有需要的时候马上蹲下身来亲自服务，这是怎样的胸襟和为人？能屈能伸，才是人生的大智慧。假如每个人都能学会能屈能伸，那么一定能在自己的领域做出成绩。

那么，如何做到能屈能伸呢？

1. 失意时学会屈就

我们在前进的路上，总会遇到各种困难和挑战。很多人遇到这些苦难就会就此消沉，更是容忍不了精神上的半点屈辱，这将导致他们与很多成功的机会擦肩而过。所以，失意的时候，我们要学会屈就。这不是一种懦弱的表现，而是一种成大事者的明智选择。这时的屈就是为了更好地保存实力，当机会来临的时候，你一定能够一举成功。

2. 得意时学会伸展

人生有失意，当然还有得意。其实，逆境是对我们意志的考验，处于顺境的时候，反而更容易令人迷失自我。所以，身处顺境之时，我们一定要学会伸展，只有如此，才能让自己的成就更上一层楼。

3. 学会刚柔并济

人应该学会刚柔并济，不可过于极端。若太过刚强，则往往会做事冲动不计后果，最后迎接他们的往往是失败；若过于柔弱，则往往会没有主见，做事畏畏缩缩，不敢轻易向前迈进，最终会错失很多成功的机会。所以，我们应该学会能屈能伸，刚柔并济，应该强硬的时候就摆出自己的态度，应该柔弱的时候就懂得让步，领悟人生的大智慧。

好脾气小贴士

人生在世，有顺境也有逆境，有人生的高峰也会有低谷，不管何时，我们都应该懂得能屈能伸。一时的忍耐是为了以后更好地施展自己的才华，是为了等待机会的来临，是为了实现自己的人生理想。能屈能伸才是人生处事的大智慧，千万不要因为逞一时的刚强或者软弱而与成功遥遥相望。

第07章 从减少生气的次数开始，慢慢改变自己

世界上没有十全十美的事，也没有不会犯错的人，我们没有必要因为一些小事就生气或者发脾气。宽容地对待他人也是对自己的宽容，有效地减少自己生气的次数，实际上体现的是一种心灵修养。很多时候，我们不要对自己生气，要学会拔除心底伤害自己的杂草，抑制怒火，有效控制消极情绪，做情绪的主人。

犯个错没什么了不起，学会宽容自己

艾尔伯特·哈伯特说：“当你宽容的时候，你要知道，你并不是给那些曾经伤害你的人带来好处，而是给你自己的心灵增加自由。”心胸狭隘只会让自己人生的路越走越窄。因为心里面不能容忍他人的缺点或者无心之失，只会让你身边的朋友越来越少，最后受害的还是自己。宽容别人就是宽容自己。若用他人的过错来惩罚自己，不是得不偿失吗？很多时候，我们无法感悟到快乐，就是因为我们缺少宽容的心。

俗话说：“金无足赤，人无完人。”在这个世界上，完美是不存在的。任何事物都有其缺点，每个人都有自己的不足，也偶尔会犯错，谁也无法保证自己永远是成功者。

然而，许多人无法容忍自己出现任何的失误，习惯于用放大镜来看待自己的错误，从而陷入深深的自责中，不可自拔。事实上，每个人都会犯错，犯个错误没什么了不起，既然事情已经过去了，就应该尽快地走出来。此时，最应该做的就是弥补错误，不断提升自己，以避免再次犯同样的错误。

一个爱生自己气的人往往是事事要求完美的，他们不能容许自己有一点小小的瑕疵，一点小事就能让他们伤心、难过。而现实是，每个人都是平凡人，都有小缺点，何必非要给自己强加上完美的标签呢？我们首先要承认自己不过是一个普通人。既然避免不了犯错误，那么如何试着接受那个会犯错的自己呢？

2008 年 8 月，在北京奥运会女子跳马的单项决赛中，中国选手程菲在第二跳中因为发挥不佳，比分不如朝鲜选手洪恩贞和德国 33 岁的老将丘索维金娜，最终无缘金牌，只获得铜牌。

作为三届世锦赛的女子跳马冠军，跳马可以说是程菲的长项，而她失利的地方恰恰是在以她名字命名的“程菲跳”。在自己最拿手的项目上面失利，这无疑是非常惨痛的一次经历。赛后，错失金牌的程菲虽然郁郁寡欢，但她还是坚强地面对记者的镜头，坦然地承认了自己的失误。

奥运会结束后，外界都在猜测已经 20 岁而且伤病缠身的程菲或许承受不住这次失败的打击，就此退役。但程菲并没有像人们所想的那样一蹶不振，她不但没有退役的打算，还就此次失败的原因做了总结。之后，她又开始了积极的训练。训练是为了更高质量地完成动作。

2008 年 12 月，北京奥运会已经过去了 3 个月，程菲在人们的欢呼喝彩中再一次站在了国际级大赛——体操世界杯德国斯图加特分站赛的赛场上。在这次比赛中，程菲比之前发挥得更加出色，一人独得跳马、自由体操和平衡木三项金牌。她绝佳的表现令在场的所有观众都为之折服，感叹不已。

犯了错误就应该牢记教训，不断改进。若你将时间浪费在责怪自己上，长此以往，你早晚会弄得精神忧郁，神经紧张，健康会受到威胁，生活也变得一团糟。如此往复，笑容离我们越来越远，幸福快乐也离我们越来越远，以至于后面的路越走越窄，总有一天会无路可走。

我们必须懂得适时地宽容自己，才不至于落得自己放弃自己的地步。

1. 认识自己

想要学会宽容自己，最先应该学会的就是认识自己，接受不完美的自己，因为每个人都是有缺点的。而那些你不喜欢的人，可能也有你值得学习的优点。我们可以试着从对方的角度出发，舍小异取大同。这样，你在宽容他人的同时也是在宽容自己。

2. 忽略自己的缺点

宽容自己，还要敢于忽略自己的缺点，发扬自己的优点。有的人总是对自己不满意，觉得自己长得不够高、不够美。虽然我们无法改变这些事实，但我们可以忽略它，发扬自己的优点，最终创造属于自己的辉煌。

3. 放下过去的失误

宽容自己，还要敢于放下过去的失误。在人生的路上难免有各种险阻，失败了不要气馁，在哪里跌倒就在哪里爬起来，忘掉过去的失误，重新启程。过去的失误就让它随风而去吧，时光匆匆，何必浪费时间在没有意义的事情上呢？

学会宽容，也需要一个循序渐进的过程。当宽容成为一种习惯，你就会发现它令你的人生发生了翻天覆地的变化。因为宽容，你感受到了父母对你的爱；因为宽容，你学会了和朋友友好相处；因为宽容，你的生活变得更加美满、幸福。

好脾气小贴士

人生路上，每个人都应该学会宽容，不仅宽容自己，也宽容他人。宽容会把自己从羞愧和内疚中解放出来，进而获得幸福，获得快乐。

为小事而生气的人生命是短促的

英国著名作家迪斯雷利曾经说过：“为小事而生气的人生命是短促的。”这句话的现实意义是深刻的，法国作家莫鲁瓦对此做过这样的解释：“这句话可以帮助我们忘却许多不愉快的经历。我们常常为一些不令人注意、因而也是应当迅速忘掉的微不足道的小事所干扰而失去理智。我们生活在这个世界上只有几十个年头，然而我们却为纠缠无聊琐事而白白浪费了许多宝贵的时光。试问时过境迁，有谁还会对这些琐事感兴趣呢？不，我们不能这样生活。我们应当把我们的生命贡献给有价值的事业和崇高的感情。只有这种事业和感情才会为后人一代代继承下去。要知道，为小事而生气的人生命是短促的。”

一位有钱的太太每天总是愁眉不展。她总是喜欢为一些琐碎的小事生气烦恼，她不知道如何摆脱这样的烦恼，便去求一位高僧为自己解惑。

高僧听了她的讲述，一言不发地把她领到一间禅房中，落锁后离去。

妇人气得破口大骂，但无论她如何说、如何做，高僧都不曾理会。那位太太又开始哀求，高僧仍置若罔闻。她终于接受现实，不再做任何反抗了。这时，高僧来到门外，问她：“你还生气吗？”

那位太太说：“我只为我自己生气，为什么来这个地方自找罪受呢！”

“连自己都不原谅的人怎么能心如止水？”高僧拂袖而去。

过了一会儿，高僧又问她：“你还生气吗？”

“已经不生气了。”那位太太说。

“为什么？”

“生气也并不能解决问题啊，我还是被关在这个禅房里。”

“你的气还是没有消，只是被隐藏在心中，待它爆发后将会更加剧烈。”高僧又转身离去。

高僧第三次来到门前，那位太太告诉高僧：“我已经完全不生气了，因为不值得气。”

“还知道值不值得，可见心中还有衡量，还是有气根。”高僧笑道。

当高僧的身影迎着夕阳立在门外时，妇人问高僧：“大师，什么是气？”

高僧将手中的茶水倾洒于地。妇人视之良久，顿悟，叩谢而去。

何苦要气？气便是别人吐出而你却接到口里的那种东西，你吞下只会很难受，你不看它时，它便消失不见了。

的确，因为一些小事而斤斤计较，不仅会影响你的心情，还可能令身边的人远离你。元朝的著名学者许名奎在他的著作《劝忍百箴》中劝世人多一些忍耐，不要被小事束缚。他认为，顾全大局的人，不拘泥于区区小节；要做大事的人，不追究一些细碎的小事；观赏大玉圭的人，不细考察它的小疵；得巨材的人，不为上面的小虫孔而怏怏不乐。如果我们浪费太多的力气在小事上面，反而无暇注意生命中更美好、更伟大的事物。纠缠在小事之中摆脱不掉，只会令自己更加烦恼。

有时候，我们经常发现自己莫名为一些小事而烦恼，我们都不知道自己何时变得这么斤斤计较了。其实，并不是我们变了，而是我们养成了生气的习惯。既然是习惯，那么，我们也可以做一些事情来改变这一习惯。不要为小事而生气，尽量做到以下几点：

1. 不过分苛求自己

有些人对自己期望过高，但是很多事情是穷其所有力量也无法达成的。他们遭遇了一次又一次的失败，很容易变得郁郁寡欢、抑郁。每个人做事情都无法顾虑到方方面面，不要因为一些小瑕疵而自责。不如将自己的目标设定在自己的能力范围之内，不过分苛求自己，你自然就能获得好心情了。

2. 善于从光明一面观察事物

任何一个事件，从不同的角度看，就会有不同的结果。同一件事物，积极的人即使在失败时也能看到希望，而消极的人在成功时也会充满对未来的担忧。生活中的很多事情，若我们能从光明的一面看待，就可以发现一些积极的意义。“塞翁失马，焉知非福”就是最好的证明。

3. 给坏情绪找一个出口

不良情绪也需要一个发泄的出口，一个不影响他人的出口，让那些不良情绪赶快远离我们的生活。若任这些不良情绪积压在内心深处，它们都会成为我们沉重的负担。当内心无法承受这些重压的时候，情绪就会来一个大爆发。与其等我们不堪重负时才给情绪找一个出口，不如当有不良情绪的时候就及时发泄出来。发泄的方式有运动、听音乐、向朋友倾诉等，每个人可根据自己的实际情况选择适合自己的宣泄方式。

4. 享受生活

生活是美好的，虽然有时候会遇到很多困难，也许会就此跌倒，但跌倒加速了我们的成长。学会体验生活的美好，学会感悟生命的珍贵，学会欣赏他人，学会享受生活，也学会欣赏自己。

好脾气小贴士

别为小事生气，对待一些委屈和难堪的遭遇，不如学着换个角度看待，以积极、乐观的心态对待一切。如果能从中领悟到成长的真谛，不也是另一种收获吗？

学会欣赏自己，不要自己找气生

现实生活中能令人生气的理由很多，其中有一个就是因为自己的缺点。这样的理由听起来似乎有点啼笑皆非，但因这一理由而生气的人确实是存在的。生活是如此美好，为什么要因为自己的缺点而生气呢？

如果一个人只能看到自己的缺点而无法看到自己的闪光点的话，那么，他内心的气恐怕是发泄不完且源源不断的，或许，生活除了生气还是生气。其实，若他能够全面地了解自己，懂得欣赏、肯定自己，那么他的生活也就不会那么痛苦了。对此，心理专家建议我们：学会肯定并欣赏自己，不要对自己生气，不要自己找气生。

一个人只有首先欣赏自己，才能够以欣赏的眼光看待身边的人。而那些总关注自己缺点的人，常常因看不到自己的优点而陷入痛苦中不能自拔，不但自己生活得不快乐，也会影响身边的人。

有一个女孩梦想成为一位歌手，虽然她有动听的声音，却没有美丽的外貌。

她长得并不好看，嘴很大，牙齿外凸。每一次她在众人面前唱歌的时候，都有一种想要把上嘴唇拉下来的冲动。可现实却往往适得其反，她想尽量表现得完美一些，可最后都是自己大出洋相，每次都逃脱不了失败的命运。

有一次，这个女孩在一次唱歌比赛中唱了一首自己十分喜欢的歌。台下的评委评价她很有天分，一位评审直接走到她面前对她说："我一直在认真看你的表演，我知道你想掩藏的是什么，你也许觉得自己的嘴并不好看，但是你没发现你唱歌的时候是充满魅力的吗？"

女孩非常窘迫，她的脸有些红，可是这位评审不顾她的感受，继续说道："难道长了龅牙就罪大恶极吗？你不要总是试图掩饰自己的缺点，从你站在众人面前的那一刻起，你的所有就都暴露在观众面前了。观众更看重的是你的歌声。而且，你想遮起来的牙齿可能会给你带来好运。"

她接受了这位评审的忠告，从此，她不再为难自己，不再刻意掩饰，每次演出，她的心里只想着她的观众，想着她的歌声。她张大了嘴巴，热情而高兴地唱着，很忘我，很投入。后来，她成为著名的歌星，而她的嘴和牙齿也成了她的标志。

故事中的小女孩曾经迷失了自我，后来她学会了欣赏自己，才让自己的人生更加多姿多彩，让更多的人欣赏到她的美。欣赏自己，就是能看到自己的优点；欣赏自己，就是自信但又不自负；欣赏自己，就是勇敢地接受生活的考验，努力实现自己的梦想，把平淡的生活装扮得绚烂多彩。

想要更加懂得欣赏自己，你需要做到：

1. 发现自己的闪光点

欣赏自己，要善于发现自己的闪光点。当你完成一个小目标的时候，及时表扬自己，从中找到自己的优点。当遇到困难的时候，想想自己的优点，告诉自己“我可以”，就能更好地实现自己的价值，感悟到生命的美好。

2. 不断超越自己

任何人想要在激烈的社会竞争中脱颖而出，就必须要做到不断超越自己。在前进的过程中，不断发扬自己的优点，不断成长。只有我们学会欣赏自己，相信自己，才能在各个领域中展示出自己的能力和价值。

3. 欣赏自己，不自负

我们要学会欣赏自己，但这并不意味着自负。我们需要在日常生活中懂得欣赏自己的优点，了解自己的独特之处，懂得自己的重要性。这样你就能更加有魅力了。

好脾气小贴士

一个人需要懂得欣赏自己，学会珍惜自己所拥有的一切。若一个人懂得欣赏自己，抱着积极、乐观的心态去生活、工作，那么就算再大的困难，也无法将他打倒。

你最需要做的其实是讨好自己

“我每天活得好累，似乎没有一刻的空闲。”现代社会，越来越多的人开始抱怨自己“活得”很累，不是工作累，吃饭累，睡觉累，而是“活得”太累。难道每个人活得都很累吗？若我们都在做自己，怎么会感觉到累呢？心理学家认为：一个人若遵从内心的感受，选择自己喜欢的生活方式，他是感觉不到累的。

那么，我们所感觉到的累是怎么回事呢？生活中，我们总是在讨好别人，为什么不试着对自己好一点，讨好自己呢？

刘强是同事们公认的“好人缘”，或者说，他是一个总是附和他人的人，在任何时候，他都很少说出自己内心的真实想法，就连对事情的评价都要附和他人，如只要是同事们都说“这个东西真的很好”，他就会随声附和“真的很好啊”；一份公司策划，大家都觉得很好，他就会说：“很有创意啊！”

于是，只要刘强在办公室，大家就都喜欢询问他的意见，可赞同他人已经成为了一种习惯。这可给刘强带来了许多烦恼。每天，他总要应付着很多同事，总说“好啊，这个好”“不错，不错”，即使心中并不是这么想，但是，为了获得好人缘，不伤害身边的同事，刘强总是对他人说：“是啊！”“对啊！”“不错！”

可是，似乎全天的笑脸都在公司用完了，他回到家就剩下了各种抱怨。他会和他的家人抱怨：“哎呀，真是搞不懂同事的眼光怎么那么差，明明只是一件很丑的东西，却总是问我好不好看。一个没什么实用性的东西，却还让我各种夸。为了应付他们，每天真的好累！”他的妈妈笑着说：“既然感觉如此累，为什么不忠于自己的内心，轻松地生活呢？做真实的自己，说自己内心真正想说的话，做自己喜欢的事情，干嘛生活得如此累呢？为什么要为了你所谓的好人缘而说那些违心的话呢？即使得罪了人又怎样，工作还是一样，你还是你。”刘强叹息着：“唉，我以后要试着做一些改变了。”

一个公认的“好人缘”私下却满腹牢骚，正是因为他总是在讨好他人，而忘了真实的自己。人际交往虽然是生活的重要组成部分，但并不需要我们放弃自己的喜好去迎合他人。有时候，保持自己的个性，往往会令我们有意外的收获。

我们每个人只有讨好自己，才能将美好的感觉传递给他人；只有讨好自己，才能将自己提升至一个应有的高度；只有取悦自己，才能更好地肯定自己。在实实在在的社会生活和工作中，取悦自己就是一剂速效药，能让我们保持一种积极、乐观的生活态度，从而使我们勇敢地迎接未来的各种挑战。

1. 学会做自己

人首先要学会做自己，才能做自己命运的主人。如果你在追梦的途中迷失了自我，没有主见，总是活在他人的意见中，事事受他人影响，你就无法体会到生活真正的快乐。

人要为自己而活，才能享受到人生的美好。不要和他人攀比，不要刻意模仿别人，找准适合自己的路才是最重要的。就如同世界上没有两片一模一样的树叶一样，每一个人都是独一无二的，不要去模仿别人，别人的路不一定适合自己。听从自己的内心走自己的路才是你应该做的。走自己想走的路，过适合自己的生活，做真实的自己，其他的事情都是次要的。

2. 不要害怕承认自己不完美

每个人都不是完美的，都有自己的优点和缺点。在羡慕他人的时候，不妨试着想想自己的优点，想想自己拥有的东西，也许你拥有的东西正是别人努力追寻的。我们还可以改正自己的缺点，发扬自己的优点，在不断修正中变得更加优秀。总之，我们应该学会承认自己的不完美，不抱怨，坦然地接受，这才是真正的人生。

3. 不要在别人的评价中迷失自己

现实生活中，有的人很在意他人对自己的评价，总是根据别人的意见不断调整自己的行为或者人生方向。别人说好，即使并不正确，他们也会勇往直前；别人说不好，他们就很容易改变自己的意见或者人生方向。其实，太在乎他人的意见很容易迷失自己。想要活出自己的精彩，我们就应该有主见，不过分关注别人对你的评价。

4. 用心做自己该做的事情

人生最幸福的事情并不是最终获得多少，而是用心做了自己应该做的事情。人要学会在不断成长的路上不断做自己应该完成的事情，做最优秀的自己。

好脾气
小贴士

也许你想成为太阳，可你却只成为一颗小小的尘埃；也许你想成为大树，可你却成为路边的一株小草；也许你想成为大海，可你却成为一条小小的溪流……于是，你开始不相信自己。其实，大可不必这样自怨自艾，你的生活和你所欣赏的人的生活一样，也有阳光，也有美好，只要做好自己，人生也可以同样精彩。

退却比失败更可怕

对于每一个成功者来说，他们从来没有因为胆怯而退却过。为了找到合适的白炽灯泡的灯丝，爱迪生曾经用 1200 种不同的材料做实验，但都失败了。即使多次失败，也没有阻止爱迪生前进的脚步。他的身边也有很多反对、批评的声音，但他充满自信地说："我的成功就在于发现了 1200 种材料不适合做灯丝。"正是那份坚持，让爱迪生最后获得了成功。许多时候，我们面对同样的机会，有的人选择迎难而上，有的人却选择退却。连尝试都不肯尝试，何谈成功呢？可当别人获得成功的时候，羡慕、生气又有什么意义呢？真正的强者，就是要敢于迎着困难，即使失败了，也没有任何怨言。

在很多时候，成功者之所以成功并不在于能力高，而在于有勇气，有足够的勇气去迎接困难。爱默生说："除自己以外，没有人能哄骗你离开最后的成功。"

威尔逊在创业之初，他的全部家当就只有一台分期付款的爆米花机，价值 50 美元。第二次世界大战之后，威尔逊所经营的生意开始有了盈利，他看重了地皮这块的发展前景。他调查得出，在美国从事地皮生意的人并不多，战后经济还没有完全恢复，没有多少人做买地皮、修房子的生意，而这时购买地皮的价格也很低。

但他的亲朋好友知道他的这一计划的时候都不支持他的决定。大家都对他说："你太自信了，到时候一定会输得很惨。"然而，威尔逊觉得自己才是目光长远的，所以，他选择了继续坚持。他认为美国作为战胜国，其经济应该很快就能进入发展期，而那时买地皮的人增多，地皮的价格就会暴涨。

于是，威尔逊看上了郊区的一片荒地。这片荒地地势低洼，不适宜耕种，所以很少有人关注，但他还是将全部财产和贷款所得的钱压在了这块地皮上。他预测：美国经济很快就会繁荣，城市人口增多，市区会不断扩大，必然向郊区延伸，在不久之后，这块土地就会变成黄金地段。

一两年过去了，威尔逊的预言成真了，美国城市人口大幅增长，市区迅速发展，马路都已经修到了威尔逊所购买的荒地附近。这时，人们才开始看到曾经被忽略的美丽风景，而且这里气候还很宜人，适合居住。于是，很多人看重了这块土地，争相购买。但是，威尔逊却有着长远的打算——他在这片土地上盖了一栋大楼，命名为"假日旅馆"。旅馆开业后，有很多客人光顾。从这以后，威尔逊的生意越做越大，在世界上的很多地方都有他的连锁店。

当初，家人朋友对威尔逊的计划颇有不屑之意，甚至对他的未来予以犀利的评判："你太自信了，到时候一定会输得很惨。"然而，威尔逊还是没有退却，而是继续坚持。即使失败了，内心也不会有所遗憾。事实证明，威尔逊的决定是正确的，凭着来自内心的那份信念，他开创了自己的事业。试想，若威尔逊在他人反对的声音中退却了，那么世界上也就少了一个成功的人，而威尔逊也不会实现自己当初的梦想。

那么，我们该如何克服胆怯，勇敢地面对生活中的种种问题呢？

1. 树立自信心

当一个人有了自信就能轻松战胜胆怯。胆怯退缩的人往往缺乏自信，不相信自己的能力，这样本可以轻松解决的事情也可能变得更加糟糕。因此，你一定要有自信，相信自己有战胜困难的能力，有迎接困难的勇气。这样，无论做什么事情，你按照自己的想法尽力而为就可以了。

2. 拒绝恐惧

恐惧能摧残人的创造精神，足以杀灭个性而使人的精神机能趋于衰弱。一个总是惧怕很多事情的人是很难成功的。因为一旦有了恐惧的心理，就可能连尝试的勇气都没有，又何谈成功呢？恐惧代表着人的无能与胆怯，这个因素阻碍了很多人成功的路。

其实，你所恐惧的事情并没有想象中的那么可怕，克服恐惧也没有那么困难。克服恐惧重在自我调节，改变自己的思想，只要改变自己面对所恐惧事情的态度，那么恐惧自然也就消失不见了。其实，生活中有很多恐惧只是我们臆想出来的，所以，我们应该学会在自己潜意识里消除内心的恐惧。

3. 勇于尝试

著名冒险家利奥·巴士卡利雅说："有希望就有失望的危险，尝试也有失败的可能。但是不尝试如何能有收获？不尝试怎么能有进步，不做也许可以免受挫折，但是也失去了学习或者拼搏的机会。一个把自己限于牢笼中的人是生活的奴隶，这无异于丧失了生活的自由。只有勇于尝试的人，才能拥有生活的自由，才能冲破人生难关。"

没有尝试的勇气，就无法体会到成功的喜悦；没有多次的奋起直追，就不会获得丰硕的成果。只有勇于尝试，才有获得成功的机会。有了勇气，生活因此变得更加丰富多彩。无论我们站在人生的什么地方，都不要忘记自己的梦想，要勇敢尝试，勇往直前，努力创造自己的人生辉煌。无可否认，所有的尝试都会令人感到兴奋，同时也会产生焦虑。人生因为尝试才多了更多的可能，为什么就此放弃，何不放手尝试。

好脾气小贴士

面对挑战，我们应该勇敢地尝试，不要胆怯，即使失败了也没有什么，大不了重头再来。

走出悲观的阴霾，做一个乐观积极的人

若遭遇了灾难和不幸，我们本该努力寻找解决问题的方法，但很多人却无法做到，他们总是沉浸在悲伤的阴霾中，总会反反复复地思考：为什么自己这么倒霉？为什么幸运之神不能眷顾我呢？他们越想越痛苦，变得越来越难受。何不以积极的态度面对生活，走出阴霾，赢得快乐的人生呢？

在一个小村庄里，有一个叫初夏的卖花女孩。她是先天性失明，但她并不悲观，也没有觉得自己和别人有什么不同，一样可以靠自己的努力养活自己。

在她十二岁的那一年，她所在的小村庄经历了一场毁灭性的灾难。村庄附近的火山没有任何征兆地爆发了，数亿吨的火山灰和灼热的岩浆顷刻间就要将整个村庄淹没。

整座城市被笼罩在浓烟和尘埃中，漆黑如墨的午夜，很多人想要逃离这个地方，却始终没有办法。还有很多人已经被掩埋在一片废墟中，连逃跑的机会都没有。有些人设法躲入地窖，但因熔岩和火山灰层的覆盖而窒息，最终也失去了生命。而城中所剩的大部分人因为初夏的带领而幸免于难。原来正是因为初夏这些年走街串巷地卖花，使她靠着自己灵敏的触觉和听觉找到了生路，救了很多人的性命。

在这样大的灾难面前，她的不幸，成为她的财富。一个身有残疾的人都能积极地生活，实现自己的价值，为什么有的人还选择消极地生活呢？

人生在世，有成功就有失败，有快乐就有悲伤，人生之路不会一帆风顺，总会有坎坷、荆棘出现。那些坎坷、荆棘必然会令我们悲伤、痛苦。你是选择消极地沉浸在悲伤中，还是走出悲伤的情境，积极地生活呢？

消极的心态会毁灭自己，而积极的心态能助你走向成功。我们无法改变已经发生的事情，却可以改变自己面对事情的心态。心态变了，世界也跟着变了。

若我们选择积极地生活，生活就会充满快乐；若我们以消极的态度生活，那么生活也会很痛苦。是快乐地过一生，还是悲伤地过一生，全看我们如何选择。

如何才能保持积极的心态呢？

1. 学会调整情绪

有些人在遇到一些不顺心的事情时，会大发雷霆或者情绪焦躁，不知道如何解决问题。有时一件本来很容易解决的事情，因为失去了理智，这件事情也因此变成了一件棘手的事情。因此，我们应该学会更好地调整自己的情绪，即使是遇到一些突发状况，也同样能保持理智，冷静思考，找到最佳的解决方案。

2. 扩大社会交往

有人说“朋友是最好的药”，朋友是我们强大的后盾。研究表明，一个人得到别人的帮助后一般也会将这份善意传递给其他人，互相帮助是一种高尚的品德，也是一件令人快乐的事情。你可以试着扩大自己的朋友圈。当你有悲伤情绪的时候，和这些朋友待在一起，有助于自己找回快乐的心情。

3. 保证充足的睡眠

从生理角度分析，一个人若无法保证充足的睡眠，就很容易出现心理问题，比如焦躁不安、无精打采等，会极大影响一个人的积极的生活态度。为此，每天保证充足的睡眠，可以维护心态的积极性。

好脾气小贴士

心态是一个人能否获得快乐与幸福的关键。保持消极的心态，你的人生因此变得阴暗；保持积极的心态，生活会充满阳光。而最终获得何种人生，就看你如何选择。

你就是独一无二的存在

我们每个人都是世界上独一无二的，你没必要按照别人的眼光和标准来评判甚至约束自己，你就是你，你无须总是效仿他人，也不必因为别人能做什么事情而生气。每个人都是独一无二的存在，都应该学会保持自我本色。

世界上没有两个完全相同的人，正如世界上没有两片完全相同的树叶。天生我材必有用，每个人都有自己的特点和长处，每个人都有尚未发掘出来的潜力和特质。如果能用自信的态度努力发现和发挥这些潜能，每个人都可以取得成功。你之所以是你，是因为你的一些优点是他人难以企及的，你能做的事情别人并不一定能做成。

你就是你，是独一无二的，要相信自己。每一个人有自己的优点和缺点，每个人都是无可替代的。

成功学大师卡耐基先生在他的著作《人性的优点》中讲道："你在这个世界上是个新东西，应该为这一点而庆幸，应该尽量利用大自然所赋予你的一切。归根结底说起来，所有的艺术都带着一些自传性：你只能唱你自己的歌，你只能画你自己的画，你只能做一个由你的经验、你的环境和你的家庭所造成的你。不论好坏，你都得自己创造一个自己的小花园；不论好坏，你都得在生命的交响乐中，演奏你自己的小乐器。"

19 岁的凯特从小就想成为一个万众瞩目的明星。幸运的是，因为她长相酷似一位正当红的明星，一家经纪公司决定包装她。听到这个消息，凯特兴奋得一夜没睡，她知道自己将踏入演艺圈，也许有一天也能成为偶像明星。

凯特很快和经纪公司签订了合同。从那天起，凯特就开始了严格的培训。培训的第一课就是让她忘了自己，从那一刻起她不再是自己，而是那个大明星。虽然很不愿意，但她只能服从。

培训结束后，凯特开始以那位大明星替身的身份出席各种公众场合，台下的人都觉得她们是在太相像了。虽然大家表现出了很大的热情，但凯特心中明白，她们喜欢的是那个万众瞩目的大明星而不是真正的自己。

两年过去了，凯特渐渐地忘了真实的自己，她每天都给自己催眠，自己就是那位大明星。直到有一天，经纪公司突然把她辞退了。事情过了很久之后，她才恍然大悟，原来自己只是活在别人的光环下，只是别人的替身。在这两年里，那个曾经快乐、无忧无虑、心怀梦想的女孩已经不见了。

凯特决定找回独一无二的自己。她决定从最小的配角开始做起，重新进军演艺圈。虽然也有人要求她模仿别人，但都遭到她的拒绝。终于有一天，她因为扎实的演技获得了广大观众的认同，成为了一个家喻户晓的演艺明星。她找回了自己，活出了属于自己的精彩。

每个人都是独一无二的存在。我们不要看到自己的缺点就自怨自艾、自暴自弃，而要看到自己的优点，在人生的舞台上绽放属于自己的精彩。

1. 你就是独一无二的

每一个与其他人的身体不同、心理不同、知识不同、能力不同、阅历不同，决定了一个人的特有素质。这也就决定了他的命运。是的，在这个世界上没有一个和你一模一样的人。你是独特的，你是唯一的。这决定了你在这个世界上的价值，你是绝世的珍宝，你是无价的！

2. 相信自己

庸者，相信别人，怀疑自己；愚者，相信自己，不信任别人；智者，相信自己及他人。你还在怀疑自己吗？要相信，你才是最优秀的，你就是独一无二的。

相信自己，是对自己的认同，是对自我能力的赞赏。若一个人连自己都不相信，还能奢望谁相信他呢？每个人都应该努力掌握自己的命运，“走自己的路，让别人去说吧”。

3. 欣赏自己

学会欣赏自己，你就会发现生活是如此美好；学会欣赏自己，你就会发现自己拥有的是那么多；学会欣赏自己，你就会体验到成功的喜悦；学会欣赏自己，你就能更快地实现梦想；学会欣赏自己，你就是独一无二的人。

好脾气小贴士

我们期盼着自己被人欣赏，被人欣赏当然最好，但最重要的还是自己欣赏自己，这样不论是否有机会遇到伯乐，我们都会健康快乐。看重自己，你就会发现其实自己并非一无是处，保有自己的特性，做个充满自信的人，做个天地间独一无二的你！

第08章

给坏脾气『降降温』，踏上从容淡定的成功旅程

人生有很多美好的东西，若我们事事都追求，就只会活得很累，生活也就少了很多乐趣，多了些牢骚，甚至多了些坏脾气。不如放下这些欲望，轻松启程，练就好脾气，踏上从容淡定的成功旅程。

不将金钱当成上帝

有句话说，智者驾驭金钱，愚者被金钱束缚。金钱并不是万能的，也不应该成为生活的全部。有的人因为追求金钱而放弃了很多更重要的东西，最终虽然获得了足够的金钱，却失去了很多东西。此时，他们才发现，幸福、快乐、美好已经离自己越来越远。

菲尔丁说："如果你把金钱当成上帝，它便会像魔鬼一样折磨你。"我们每个人都有追求金钱的权利，但一定不要超过一定的度，不要让金钱成为自己追求的全部，更不能把金钱当作自己的全部。若你整天围着金钱转，那么你的内心就会永远无法获得满足。被金钱蒙蔽了双眼，你就永远与幸福无缘。

其实，若他们放下对金钱的执着，重新看看那些曾经放弃的东西，如健康、亲情、友情等等，就能感受到幸福，内心也会得到满足。"金钱可以使你上天堂，也可以使你下地狱。"只有守住自己心中的底线，做自己命运的主宰，做金钱的主人，不被金钱蒙蔽双眼才是明智的选择。

很少有人知道，著名的慈善家石油大王洛克菲勒也曾经历过被金钱蒙住双眼的岁月。

洛克菲勒出身贫寒。在他创业的初期，认真刻苦，人们都夸他是个好青年。可当他成为一个富有的人后，开始迷失了自己。宾夕法尼亚州油田地带的居民深受其害，对他恨之入骨。有的居民制作他的木偶像，然后将那木偶像处以绞刑，以解心头之恨。无数充满憎恨和诅咒的威胁信被送进他的办公室，连他的兄弟也不齿他的行径，而将儿子的坟墓从洛克菲勒家族的墓园中迁出，说：“在洛克菲勒支配的土地内，我的儿子无法安眠！”

因为他的所作所为，他成为一个众叛亲离的人。在洛克菲勒53岁那一年，他疾病缠身，人瘦得像木乃伊。医生们告诉他：他必须在金钱、烦恼、生命三者中选出一个最重要的东西。这时他才幡然醒悟，金钱蒙蔽了他的双眼，他彻底地迷失了自己。他放下了自己的工作，学习打高尔夫球，去剧院欣赏喜剧，还常常跟邻居闲聊。他开始过一种与之前完全不一样的生活。

后来，洛克菲勒计划将自己巨额财产捐给别人。但是期初人们并不接受他的善意，经过他不懈的努力，人们慢慢地接受了他的善意。后来，洛克菲勒创办了不少福利事业，还帮助黑人。他一生创造了很多财富，但大部分金钱都捐出去了。人们开始对他另眼相看。

洛克菲勒的前半生因为金钱迷失了自己，后半生放下了金钱，他得到了很多更重要的东西，那就是内心的平静、幸福、快乐和健康，以及他人的尊重和赞赏。

金钱在生活中是必不可少的，我们该如何正确看待金钱呢？

1. 钱不是万能的

无论是在生活还是工作中，有的人试图用金钱解决一切问题。但是，金钱不是万能的。想要解决问题，还是要依靠自己的力量。遇到问题的时候，我们应该保持理智，清醒思考解决问题的最佳方案。当解决了这一系列的问题之后，我们对金钱的认识也将会升华。

2. 保持平常心

金钱是我们生活必不可少的一部分，金钱能提高我们的生活质量。我们应该学会以平常心看待金钱，树立正确的金钱观，就能获得更多的幸福、快乐。

当我们以平常心看待金钱之后，就会发现，自己一直所追求的金钱，并没有想象中的那么重要，根本没必要为它放弃生活中那么多更重要的东西。

3. 不要成为金钱的奴隶

金钱不是万能的，许多人在追求金钱的路上，不断放弃很多更重要的东西，如健康、自由、爱情等。有的人将金钱当成了生活的全部，他们在精神上十分空虚，往往也是内心十分孤单的人。

金钱并不是生活的全部，我们根本无须过分执着，不要成为金钱的奴隶，被金钱推向毁灭的深渊。

好脾气小贴士

金钱能让我们的生活变得更加美好，却不能被它所奴役，不能因追求金钱而放弃加重要的东西。无论是贫穷还是富有，我们都不应该将金钱当成生活的全部，都不能沦为金钱的奴隶。

人生匆匆，名利不过是过眼云烟

名利，是一种荣誉、一种地位，有时也是束缚在人们身上的枷锁。不少人为了名利带来的一时美好，会忘我地去追求名利。

其实，名利就是过眼云烟，转瞬即逝。名利场就是一个虚无缥缈的世界，处处充满遮挡眼睛的薄雾，让我们无法找到前进的方向。人们在名利场徘徊的时间长了，会慢慢失去理智，迷失自己，失去未来的方向。名利是枷锁，将贪婪的人紧紧困在其中，他们迷失了自己，很难体会到生命的真正意义。我们应该放下名利的枷锁，把名利当作人生旅途中的美好风景，过去了之后也不过多贪恋，更不要为了它而错过生命中更重要的事情，失去了人生方向，也不要为了它而止步不前。

陶渊明是我国东晋时期的著名文学家，他不仅留下了很多千古名篇，还有着淡泊名利的美誉。

当时因为彭泽县的县官为人奸诈，经常欺压百姓，而且课税沉重，所以朝廷将其罢免，并任命陶渊明为当地县令。陶渊明在做官期间公正廉明，为当地老百姓做了很多好事，深得当地民众的爱戴。

有一年冬天，一位官员来彭泽县视察。他是一个傲慢又有点粗俗的人，刚到彭泽城门口，看到没有人前来迎接，心中很是不满。他便派自己的随从去叫县令来门口拜见他。

被派遣的随从来到县衙门口，趾高气扬地说：“我乃巡查官随从，今跟从官员来彭泽视察，竟无人迎接，一介小官竟对大人如此失礼，还不快去通报你们大人。”

此时正在县衙办公的陶渊明听到这个消息后，立即将手中的毛笔摔在了桌上，心中很是气愤。陶渊明向来对这种人看不上，但迫于现实只好前去迎接。

陶渊明刚走到县衙门口，就被视察官员派来的随从拦住，他一脸嫌弃地看了看陶渊明说：“大人身为一县之长，怎能就这样去见堂堂巡查官呢，这样恐怕不能确保您彭泽县令的职位，还请大人回府更衣，备足银两，我家官员也好去上级那里为您说话。”

陶渊明听闻随从这样说，心中难以忍受，他心想自己做官一直公正廉明，为什么要去迎合这样的上级呢？他便叹息道：“我宁可饿死，也不会为五斗米折腰。”

于是，陶渊明立刻辞去了县官这个职务，离开了当了不到三个月县令的彭泽县，从此告别官场。

陶渊明离开彭泽县后，回到了自己的家乡。他在房屋前后开荒种田，自给自足，过起了令人向往的世外桃源般的生活。

陶渊明在田园中过着悠然自得的日子。他经常观察农家人的日常生活，认真体会自己劳动时的感受，写下了很多脍炙人口的田园诗歌。他“不为五斗米折腰”，不追名逐利，在平淡生活中寻找自己的幸福，成为后人学习的榜样。

人生短暂，岁月无情，名利对人来说如同过眼云烟，人们根本不值得为它而费力劳神。只有做到淡泊名利，才能从功名利禄的牢笼中挣脱出来，体会到生命的真正意义。淡泊名利、笑看输赢，是一种淡然豁达的成熟心态，是一种饱经沧桑和磨难后的从容气质，也是大彻大悟的人生智慧。

那么，对于名利我们该何去何从呢？

1. 正确看待名利

名利只是过眼云烟，我们应该学会正确看待名利。名利不过是人生中的一部分，是幸福的附加值，并不是生活的全部。名利虽然充满诱惑，但我们不要一不小心就走进名利的陷阱，以致迷失人生，最终失去自我。正确地看待名利，才不会总是为了名利而忙碌，不会失去快乐、幸福的生活，我们才能正确把握自己的人生方向，能更快地到达成功的彼岸。

2. 知足常乐

托尔斯泰曾说过：“欲望越小，人生就越幸福。”放下过多的欲望，学会知足常乐，我们能获得更多快乐和幸福。知足常乐，是一种处事哲学和人生态度，也是一种人生智慧。知足常乐就是该放手时就放手，是一种明智的选择。学会了知足常乐，人们的内心就更容易获得满足，更容易获得快乐。

3. 淡泊名利

淡泊是一种人生境界，一种明智的人生选择，一种豁达的心态。学会淡泊名利，才是人生最明智的选择。淡泊并不是对名利不屑一顾，也不是孤芳自赏，更不是逃避现实的借口，而是不为人世间的种种诱惑而改变自己，能够正确对待外界的一切事物，用淡泊的心态面对名利的诱惑。

好脾气
小贴士

名利虽然很美好，但它们就如同过眼云烟，生活中还有很多更有意义的事情等着我们追寻。过于追求名利，名利就会蒙蔽我们的双眼，也会让我们的生活失去很多快乐。所以，不妨学着淡泊名利，让自己有更多的机会去领略这个世界的多种精彩，让我们的生活变得更加多姿多彩。

别把自己装进"金丝笼"

很多人都非常羡慕在天空中自由自在地飞翔的鸟儿。其实，人也应像鸟儿一样，欢呼于枝头，跳跃于林间，与清风嬉戏，与明月相伴，饮山泉，觅草虫，无拘无束，无羁无绊。这才是鸟儿的生活，才是人类应有的生活。

然而，这世界上总有一些鸟儿，因为忍受不了饥饿、干渴、孤独甚至于爱情的诱惑，成了笼中鸟，永远失去了自由，成为了人类的玩物。与人类相比，鸟儿面对的诱惑要简单得多。而人类要面对来自于红尘的种种诱惑，金钱、名利、权势等。于是，很多人便在这些诱惑中迷失了自己，跌进了欲望的深渊，把自己装进了一个个打造精致的所谓欲望的金丝笼中。

有一个有趣的生物实验：

实验者将一些跳蚤放进了玻璃杯中，发现跳蚤能立即轻易地跳出来。重复几遍后，结果还是一样。测量结果显示，跳蚤跳起的高度均在其身高的 100 倍以上，所以跳蚤称得上动物中的跳高冠军。接下来，实验者再次进行试验，他在原来的杯子上增加了一个玻璃罩，只见跳蚤重重地撞在玻璃罩上。虽然跳蚤没有跳出玻璃杯，但它们仍未停下来，因为它们的生活方式就是跳。一次次失败的跳出让跳蚤开始根据玻璃罩的高度来调整自己所跳的高度了。最后经过一段时间后，这些跳蚤再也不会撞到上面的玻璃罩子了，而是在其下面自由活动。

当跳蚤习惯了跳的高度后，实验者将玻璃罩轻轻拿掉，跳蚤由于并不知道玻璃罩已经去掉了，于是还是按照原来的标准继续跳。

后来，生物学家又在玻璃杯下放了个酒精灯，并且点上火，不到五分钟，玻璃杯烧热了，所有的跳蚤出于求生的本能都努力地往上跳。每只跳蚤再也不管是否会像之前一样撞到头，全都尽可能地往高跳，结果是它们全部都跳出了玻璃杯。

这个实验说明了生活环境使跳蚤迷失了自我，仅仅几次改变就使得它们忘却自己的本能了。这其实是非常可怕的。玻璃罩已经罩在跳蚤的潜意识里，罩在了跳蚤的心上，其强烈的行动欲望和潜能被扼杀了。这正如被物质的生活、贪恋的欲望所迷惑的人一样，这些外在的条件使得人们迷失了自我，被紧紧地束缚起来。科学家们称这种现象为“自我设限”。

我们应该学会走出欲望的牢笼，尽情享受生活的美好。

1. 控制好欲望

每个人都有欲望，欲望是人们向前追求的动力。但若欲望过多，人们只会沉沦于无底的欲望中，被欲望所掩埋，最终迷失自己。其实，欲望不可怕，可怕的是不懂得控制自己的欲望。只要学会控制，就能不沦为欲望的奴隶，又在欲望的助力下不断成长，过快乐、幸福的生活。

2. 学会知足

做人要懂得知足，莫要追求太多。人的欲望是无穷的，但是我们又无法满足自己所有的欲望，人因此变得伤心、失望，甚至大发脾气。如果我们总是为了自己的欲望不断奔波，让欲望占据了我们的生活，就只会陷入伤心、失望等情绪的漩涡，到最后不仅越来越无法满足自己的欲望，反而会沦为欲望的奴隶。所以，无穷的欲望就像一剂毒药，无论谁拥有谁都会失去很多。

人要知足，才会获得更多快乐，学会了知足，才能收获更多精彩。当我们学会了知足常乐，就会发现，自己拥有的是那么多，生活中让我们快乐的事情是那么的多。

好脾气
小贴士

人生在世，应学会控制好自己的欲望，抵挡各种诱惑。如果你在漫漫人生路上，能坚持自己，学会放弃欲望，学会知足，享受自由自在的生活，那你还会有什么烦恼呢，又怎么会感觉到痛苦呢？

比上不足，比下有余

俗话说：“人往高处走，水往低处流。”现在人们的心理经常是“我要比你强”，于是，向上比成了人们不懈的追求。结果，每天都是满心的疲惫和劳累。

如果我们想活得快乐些，就必须学会知足常乐。在现实条件允许的范围内，充分享受生活，而不为得不到的东西而苦恼，这才是正确的人生观。聪明的人应该对那些自己得不到的东西视而不见，假装糊涂，知足常乐。

从前，有一个青年总是感叹自己是多么的不幸，没有工作，没有金钱，连活下去的希望都没有。一天，他在路上偶遇了一位智者，看到智者一脸的平和，他不由得深深地叹了口气。

智者拦住青年，问他为何叹气，青年说：“我羡慕你活得如此快乐。为什么我总是开心不起来呢？我既没有一技之长又没有钱，生活还有什么意义呢？”

智者说：“年轻人，你明明那么富有，你不知道吗？”

青年问：“富有？我除了无数的烦恼还有什么？”

智者并没有和他辩解，而是继续问他：“那么，假如给你很多的钱，换你三年的寿命，你同意吗？”

“当然不同意！”

“给你更多的钱，换你的健康，你愿意换吗？”

“当然不换，健康是多么难得！”

“拿钱换你的生命，你愿意换吗？”

青年坚决地说：“不换！”

智者顿时笑了：“年轻人，现在算下来你已经拥有了很多的金钱，而你拥有的还不止这些，难道你拥有的还不多吗？”

是啊，每个人都如同那个青年一样，明明拥有很多，但往往不自知。希腊哲学家德谟克利特说：“希望获得不明的财富，是绝望的开始。”

人若不能学会知足与珍惜，终究会为自己的行为感到后悔，“希望得到更多”的念头只会让我们受尽折磨。对生活现状的不满心态正在一点点浇灭我们对生活的热情与希望，每天只剩下沮丧和埋怨。

你是否应该向这位智者学习，放下心中的欲念，追求人生的快乐呢？从现在开始调节自己的心态吧！

1. 学会满足

要想拥有快乐的人生，首先要学会知足。知足就是学会满足，不因追求一些不属于自己的东西而过分执着。每个人的价值观不同，当得到自己追求的东西时就该知足，不要去奢求太多。

若你一直不知足，就无法获得快乐。不如试着调整自己的心态，客观地评价自己拥有的和已经实现的目标，肯定自己的成就，从而始终保持愉快、平和的心态。知足常乐并不意味着安于现状、止步不前，而是珍惜拥有，充分享受当下。学会了知足常乐，你可以减轻压力，活在当下，放松身心，从而过上轻松、快乐的生活。

2. 降低要求

其实人们不明白，有一种快乐，叫做“学会放弃”。降低对生活的要求，学会满足，也是一种放弃。

人往往对自己期望过高，而在追寻梦想的过程中，现实会给我们沉重的打击，因不能实现而心生更加强烈的欲望，并常常感到身心疲乏。在这样的心境下，生活又有什么快乐可言呢？

懂得放弃，放弃对生活的要求。多一分豁达，多一分洒脱，我们就能获得更加快乐的生活。

3. 学会休息

在这个世界上，富翁和高官都是少数，更多的人还是在享受着自己平凡的生活。不懂满足，过高要求自己，就会让自己身心俱疲。而求而不得后，只会让自己更加失落，不如让自己休息一下，重新思考一下自己这样做是否值得。这时的休息并不是浪费时间，而是为了更好地追寻自己的目标，是为了更好地工作和生活。

好脾气小贴士

人生的路上，若一个人的欲望太多，便有可能沦为欲望的奴隶。少一些欲望，多一些知足珍惜，轻松前行，你就能享受到生活中更多的美好。学会知足，你就会发现，现有的生活完全可以满足内心的追求。当你能做到这一点，你就会活得更加快乐。

欲望越多，人生的幸福就越少

生活中，人们总是带着满满的欲望在人世间奔波，当欲望越来越膨胀的时候，才发现自己已经不堪重负了。

希望越大，欲望越大，失望和挫折也就越大，就算你得到了想要的东西，欲望的满足也只存在于完成时的那一瞬间，当那个时刻过去之后，你就对它再也没有先前的兴趣了。可见，欲望不会让人快乐，只会让人失落，甚至陷入大喜大悲的不稳定状态中。而且，当一个人的贪欲强烈到不可克制的病态时，他甚至可能会不择手段地去伤害别人，以致众叛亲离，最终失去生活的乐趣。

托尔斯泰曾经说过："欲望越少，人生就越幸福。相反，欲望越多，幸福就会越少。"欲望是无止境的，正是由于我们拥有太多的欲望，所以面对诱惑时才会不能自拔，最终迷失了自己，让幸福离我们远去。

梦洁是一个有高薪工作的人。她又长得很漂亮，身材很好，一度成为身边人的羡慕对象。并且她十分会打扮自己，每天都穿不同风格的衣服到公司上班，时髦得体的她，赢得了周围同事的一片赞赏。在一片赞扬声中，她的虚荣心越发膨胀起来，为了更引人注目，为了讲求品位，她花大量的金钱去买名牌时装、高档的包。很快，她所有的积蓄都挥霍完了，她不得不刷信用卡来满足自己购物的欲望。

有一次，在与朋友聚会的时候，在轻松愉悦的氛围中，梦洁说自己其实活得很累，别人看到的只是她光鲜亮丽的外表，却不知道她内心的苦楚。她也反省过自己，超负荷地购买名牌物品似乎也没让自己真正开心过，她也想快乐起来，但是，这种欲望却让她欲罢不能。

工资颇高的梦洁本应该过得很轻松、很快乐，但是就是因为心中越来越多的欲望让她的心灵承载了太多的负担，也让她丝毫品尝不到轻松和快乐的滋味。其实，她本人已经很漂亮了，何必要用那些外在的名贵物品去刻意地装饰自己呢！

有些人可能会说：那些喊"累"的人是因为欲望太大了，而我对生活的要求很低，可为何还会感到累呢？

欲望就像一棵一棵大树，枝杈丛生，如果不精心修剪的话，就会越长越杂乱，失去应有的美态。每个人都有欲望。欲望如树，生生不息，永无止境，但我们不能放任其自由生长，而是要学会经常剪除多余的欲望。只有掌握好修剪欲望的技巧，欲望之树才会在我们的剪刀下有规律地成长，并长成我们想要的形态，这样的人生才会少些烦恼。

生活中，我们该如何克制欲望呢？

1. 要正确看待身边的人和事

我们应该客观看待身边的人和事。当他人比我们拥有的更多，也完全没有自卑的必要，我们要相信只要自己付出足够的努力，就能获得自己梦寐以求的成功，不要沦为欲望的奴隶。

2. 要摆正心态

摆正心态才能保持理智，才能清醒地思考，才能控制好自己的欲望。好的心态有助于我们更好地控制自己的行为。

3. 转移注意力

人的时间和精力是有限的，当你专心做一件事情并从中找到快乐的时候，做其他事情的时间自然就少了。如果你陷于某种欲望之中不能自拔，不如转移一下注意力，让自己将更多的时间放在另一件事情上，这样会避免你在一条路上走到黑。

好脾气
小贴士

生命没有重来的机会，因此我们必须珍惜这仅有的一次生命。面对欲望，我们必须要学会自控，摆正自己的心态，正确看待身边的人和事，以清醒理智的态度度过人生的美好时光。只有如此，我们的内心才会更加快乐，人生才会更加多姿多彩。

没有什么比活在当下更重要

在生活中，有些人多愁善感，喜欢为过去的事情懊悔；有些人则杞人忧天，习惯为将来的事情担忧。其实，这些做法不仅不会帮助自己改变过去与未来，还会使自己陷入懒惰与悲观的状态中，让自己无法把握现在的机会。纵观各行各业的成功人士都把活在当下作为人生的准则，立足现实，将每一个“今天”都当成新的开始，从不虚度光阴，才有了今天让人羡慕的成就。

活在当下是一种全身心地投入人生的生活方式。当你活在当下，没有过去拖在你后面，也没有未来拉着你往前时，你全部的能量都集中在这一时刻，生命因此具有一种强大的张力。

从前，有一位将军一直无法想明白几个问题，于是，他去找一位德高望重的大师解惑。

将军找到大师的时候，大师正在菜园里劳作，将军上前说道：“大师，您好。我一直有几个问题想不明白，您能为我解惑吗？”大师点点头。将军接着说：“一是人的一生中最重要的事情是什么，二是什么时候做事最好，三是谁是最重要的共事的人。”

大师并没有立刻作答，而是低头继续自己手中的事情。将军见大师年老体弱，便接过锄头替他做，然后说道：“若您不回答，我只好回去自己想了。”

就在此刻，寺庙内闯进了一个满身血污的人，将军为他清洗伤口并包扎好。由于实在是太晚了，将军只好和那人同时留宿在庙内。第二天，受伤的那个人已经苏醒，看到将军便说：“我曾经是很恨你的，你曾经杀了我最好的兄弟，我发誓要为他报仇。昨天，我觉得自己终于有了机会，不料却被保护你的手下重伤，本想必死无疑，谁知却被你们救活了。我们从此互不相欠了。”将军没有想到多年的纠葛就此两清了。

在离开寺庙之前，将军再次问了大师同样的问题，大师道：“我早已经回答过了，只是你没有领悟。”将军非常疑惑。

大师解释道：“如果昨天你没有替我劳作，而是原路返回，就会在路上遇到仇人的袭击，所以，锄地之时是你最重要的时间；后来若你没有帮助那个身受重伤的人，他便会死掉，就不能和你恩怨两清了，因此，他就是你最重要的人；而最重要的事是你照看了他。所以，人生在世，最重要的莫过于活在当下。”

将军听后顿时大悟，欣然下山。

是啊，活在当下才是最重要的。昨天属于死神，明天属于上帝，只有今天才属于我们自己。对于每一个人而言，又何尝不是如此呢？

在生活中，大多数人都无法投身于“眼前”。他们总是左顾右盼，言今顾昨，考虑着明天甚至是下半辈子的事情。有的人说：“我明年要赚更多的钱。”有的人说：“我将来要换一个更大的房子。”有的人说：“我打算找一份更好的工作。”等到后来，钱真的多了，房子也换成了大的，工作也很好了，他们却并没有因此而变得更快乐，反而还觉得不满足：“唉！我应当再多赚一点儿，找份更好的工作，想办法过得更舒适！”

以上种种，都是没有活在“当下”的表现。他们即便得到了一切，也不会感觉到快乐；不但现在不快乐，将来永远也不会得到快乐。真正的满足不是在“将来”，而是在“此刻”。毕竟，昨天已经成为历史，明天还是个未知数，唯有“现在”才是老天赐给我们最好的礼物，所以我们要把握住今天，活在当下。

1. 活在当下

大多数的人都无法专注于“现在”，他们总是担忧未来，或者是明天或者是明年等等。总有人说“我明年要完成一个目标”，当目标实现后，他们并没有变得更快乐，反而还是觉得不满足，目标也变大了。

这些人就没有领悟到活在当下的真谛，活在当下就是享受此刻自己所拥有的，而那些未来想要获得的东西，不必现在就开始担忧，而错失了很多快乐的时光。

人生的意义，不过是嗅嗅身旁每一朵绮丽的花，享受一路走来的点点滴滴而已。毕竟，昨日已成历史，明日尚不可知，只有“现在”才是上天赐予我们最好的礼物。许多人喜欢预支明天的烦恼，想要早一步解决掉它。如果明天有烦恼，你今天是无法解决的。每一天都有每一天的人生功课要交，努力做好今天的功课再说吧！

2. 专注于眼前的事情

专注于自己正在做的事情，认真地活在当下，才是最明智的人。如果一个人集中所有的精力和心志去坚持不懈地追求一种值得追求的事业，那么，他的生命就绝不可能失败。相反，如果我们一贯好高骛远，见异思迁，心浮气躁，什么都想尝试，什么都想抓住，最后只能“熊瞎子掰玉米，掰一个，丢一个”，两手空空，一无所获。懂得珍惜使得我们更加专心致志于当下正在做的事，可以使我们静下心来，心无旁骛，一心一意，这样就会把事情做得更完美。

3. 珍惜时间，不虚度光阴

时间匆匆，稍不留意，时间就会在你的指缝间悄悄溜走。时间是无情的，又是有情的。对于珍惜时间的人，它馈赠以无穷的智慧和力量。

不管如何，人生一世都要好好活着。珍惜每一天的光阴，活在当下就是最大的幸福。

好脾气小贴士

昨天已经过去，未来尚不可期，而今天是你所拥有的最珍贵的时光，所以我们应该学会把握当下，珍惜自己所拥有的一切。若不懂得珍惜，即便未来实现了自己当初的目标，可那时候“明日”也变成了“今日”，你是否也会为今日的不珍惜而悔恨，而失去很多快乐呢？只有把握好今天，未来才会更加美好、光明。

第09章 用一时的隐忍，换一辈子的好运

“小不忍则乱大谋”，这是千古名言，一个懂得忍耐的人才是真正的智者。俗话说，“一忍可制百勇，一静可制百动。”我们在做事情的时候，若处于劣势，继续下去很可能让自己处于被动，甚至很可能会失败，那么这时就必须考虑如何全身而退了。不妨用一时的隐忍换更好的结果，换一辈子的好运气。

低头是稻穗，昂头是稗子

鲁迅先生曾经说过这样一句话："劳谦虚己，则附之者众；骄慢倨傲，则去之者多。"就是说做人要谦卑一些，方能成就精彩人生。民间有句谚语："低着头的是稻穗，昂着头的是稗子。"这就是说，越成熟的稻穗越是谦卑，而那些稗子却喜欢高昂着头显示自己的无知。大哲学家苏格拉底曾说："天地只有三尺，高于三尺的人要想长久立于天地之间，就要懂得低头。"日常生活中，我们应该学会适时地低头，学会放下身段，时刻反省自己，发现自身的不足，接纳自己的缺点；抛下一些生活的重担，从而放松自己，愉悦身心。懂得低头也是一种人生境界。

富兰克林年轻时，曾专门拜访过一位德高望重的老前辈。当时的他心高气傲，昂首阔步，却在进门时因只顾着昂头而撞到了头。疼得他一边用手揉搓头部一边看着比他身子矮了一大截的门。这个时候出来迎接他的老前辈笑着对他说："碰得很疼吧！可是，这将是你今天最大的收获。人生在世，每个人都必须要记住：该低头时就低头。这也是我想要教你的事情。"后来，富兰克林时刻牢记着在这个前辈面前所学到的道理，而且把它作为自己一生的生活准则之一。这一收获对他日后取得卓越的功勋功不可没。

有的人不屑低头，一直奉行"宁为玉碎不为瓦全"的精神，最后迷失了自己，伤害了他人。若学会低头，生活会有翻天覆地的变化。当然，我们所说的低头也并不是毫无原则的。低头是一种能力，若我们学会了低头，知道虚心向别人请教，不仅能赢得他人的好感，还能不断充实自己的知识，提升自己的道德修养。金子总是会发光的，即使一时蒙尘，也总会绽放出属于自己的光芒，令世人瞩目。而那些骄傲自大却没有真才实学的人，不仅很难获得身边人的尊重，还会让别人越来越疏远他们。

雷墨曾经说过："低头是需要勇气的。"的确是这样，否则怎么会有明知该低头但还是执迷不悟而最后失败的人呢？纵观历史长河，因为不懂得低头，最终和成功失之交臂的例子不胜枚举。在我们的身边这样的例子也有很多。做到低头固然很困难，但在现实面前低头，人生才能大有突破。懂得适时地低头，知道谦卑是一个人走向成熟的标志。

罗曼·罗兰说："没有伟大的品格，就没有伟大的人，甚至也没有伟大的艺术家，伟大的行动者。"若想使自己拥有高尚的品质，在追梦的路上从容地到达成功的彼岸，我们就应该学会谦虚、谦卑。

1. 认识自己、反省自己

人生在世，要学会反省自己，以人为镜，找出自己的缺点，发挥自己的优点，克服自己的缺点，注意采纳他人的意见，不固执己见，这才是明智的选择。

美国总统富兰克林就是一个注重自省的人。自省成为他每晚的必修课。他说自己犯过十三项严重的错误，其中一项是：浪费时间、关心琐事及与人争论。富兰克林知道，不克服这些缺点是无法成就自我的。所以，他每周都要制定一个需要改进的小目标，并每天记录。他一直在与自己的缺点做斗争，整整持续了两年的时间。这也就成就了他光辉、璀璨的人生。

一个人若不懂得自省，他就看不到自身的不足，更不会加以改正。反省能帮助我们更好地了解自己，养成谦卑的好习惯。

2. 找准自己的位置

人生在世，我们每一个人都应该找准自己的位置，不过分看重自己的价值，也不妄自菲薄。明智的人会清楚自己的位置，会在自己的位置上发光发热，克服自己的缺点，不断成长，这些人懂得谦虚做人的道理。而有的人终其一生都没有找准自己的位置，他们不自知，做事缺乏分寸，很容易自负，和谦卑相距甚远。所以，我们想要成为一个谦卑的人，就应该学会找准自己的位置。

3. 尊重别人

懂得尊重他人是一种十分高尚的品德，也是人们走向成功的关键。一个懂得欣赏、尊重他人的人会过得更加愉快，也会获得别人的尊重。

好脾气小贴士

古语说得好："登高自卑，行远自迩。"这是人生的哲学。日常生活中，人应学会谦卑，不要总是争强好胜，不要非要和别人争个高下，而应该懂得在适当的时候低头，退一步海阔天空。用一时的低头换来好运气。

给人留面子，不让别人难堪

每个人都有自己的一道心理防线，若别人对他步步紧逼、穷追不舍，激怒了他，他很可能采用过激的行为来回应对方。所以，人们在与人相处的时候，应该遵循给对方留面子的原则，别让对方难堪。给别人留面子，也是给自己留面子。给别人留面子能让我们与他人相处更加和谐。

即使自己是对的一方，也要给别人留面子。若总是给对方难堪，不仅很难有效地解决问题，还可能适得其反，带来很多意想不到的麻烦。

迪安娜是一家服装店的导购员。一天，一位女顾客拿着一周前买的服装回来要求退货，理由是服装质量有问题。但是迪安娜在查看衣服的时候发现，衣服已经穿过，且有明显的洗过的痕迹。迪安娜问顾客这件衣服是否清洗过，但是女顾客却坚决否认。明智的迪安娜并没有为此去大声地和顾客争吵，而是微笑着对那位顾客说：“噢，这也许是一个误会，另一位顾客就曾经有过这样的经历。那位顾客把买回家的衣服随便扔在了床上，而她的母亲就把它当作了脏衣服一起放进了洗衣机。她后来来到我们店里退货，当时我们发现她的衣服已经清洗过了，她也否认了……当她回家后和她妈妈抱怨的时候才发现事实真相，所以才发生了这样一个小纠纷，她还亲自到店里向当时的店员道歉了呢。我想，您可能也遇到了类似的事情。如果您不信的话，可以和店里的衣服对比一下。我想这件衣服一定是在您不知情的情况下被洗过了，可是您却不知道事实真相，这可能是个误会。”女顾客听后感觉也没什么可辩驳的，就说：“也许吧，可能是我的家人在我上班的时候将它洗过了，我待会确认一下。”说完就走了。

顾客看了证据知道无可辩驳，而售货员又为她的错误找到了借口，给她一个台阶下。于是她顺水推舟，乖乖地将衣服带回去了。

售货员给顾客留足了面子，一场可能发生的争吵就这样避免了。

在这个故事中，若迪安娜一点面子也不留地说出实情的话，势必会引起一场争吵。但是她先将自己的面子放在一边，以委婉的方式说出了实情，事情的结果就不一样了。人们经常因为一时的冲动而针锋相对，这样会让矛盾恶化。若给对方留面子，反而会让对方产生愧疚感，开始重新审视自己的行为，这样就很容易解决问题。

在人际交往中，尤其是在公众场合，我们都应该给别人留面子。因为一个人若丢了面子，往往会觉得人们会以异样的眼光看他。给别人留面子其实并不难，只要不违背自己的原则，给别人留面子，也是给自己留余地，你也能获得尊重。何乐而不为呢?

人际交往中，给别人台阶下、留面子也是一门学问。这不仅能使我们获得对方的好感，而且也有助于树立良好的社交形象。

1. 转移话题

当尴尬或僵局出现时，有些人由于情绪上的冲动，往往会使事情向更加糟糕的方向发展。这时候，我们不妨转换一下话题，分散大家的注意力，让双方的情绪都逐渐冷静下来，在轻松愉悦的氛围中解决问题，不让双方都陷入尴尬的境地。

2. 委婉指出对方的错误

当别人犯错的时候，我们应该学会委婉地指出对方的错误。著名诗人柳亚子因其流畅奔放的书法受到很多人的追捧，但是他的书法也因潦草而使很多人认不出具体写了什么字。书画家辛壶在一次谈话中想要指出他书法的缺点，但又不想对方失了面子，就委婉地说柳亚子先生的字是“意到笔不到”，说得很含蓄、幽默。柳亚子一下子就领悟到了辛壶话语中所隐含的真实意思。因此，柳亚子极为佩服辛壶的说话艺术。与直来直去指出缺点相比，委婉的表达方式更容易被对方接受，且不伤及对方的面子，给了对方台阶下，避免了双方形成僵局。

3. 学会拒绝别人

有时候别人请你帮忙的事情实在是力所不能及，或者根本不合理，面对这种情况怎样才能保住对方的面子而又达到拒绝对方的目的呢？首先，不要在对方刚开口说找你帮忙的时候就立马拒绝，更不能心存轻视。其实，应该尽可能说出自己的难处，态度要诚恳，不要支支吾吾，避免引起不必要的误会。只有如此，才能既拒绝了对方的请求，又不会使对方感觉自己丢了面子。

4. 要注意尽可能地为对方挽回面子

有时遇到突发状况致使对方陷入窘境的时候，你就应该给对方台阶下，不让对方难堪。若做法得当，不仅能帮助对方挽回颜面，还能赢得对方的好感。

好脾气小贴士

给人台阶下并不像想象中的那么难，只要你能设身处地为对方着想，多些宽容，少些斤斤计较，就能做到这一点。如果你愿意给对方留面子，别人也会对你心存感激，何乐而不为呢？

善于忍耐，先苦而后甜

早在几千年前，孔子就曾经说过："小不忍则乱大谋。"孟子也曾说过："天将降大任于斯人也，必先苦其心志，劳其筋骨，饿其体肤……"孔子和孟子的思想中都有提到忍耐对生活的重要影响。忍让是一种风度，是一种高尚的境界，是一种宽广的胸怀。

当今社会，我们首先要学会忍耐。忍耐并不是对生活的妥协，而是在理性思考中的明智选择。

璐璐一个多月前从一家待遇很好的公司离开了，原因是与同事发生了矛盾。璐璐刚入职的时候，与同事相处还算融洽。可一个月以后，璐璐就发现很多老员工的业务能力还不如自己。部门的一大堆业务工作都是交由刚刚入职的她处理的。她都已经很努力地完成了上级交给的所有工作，但同事还是对她很不满。而那位同事还总爱在老板面前表现自己工作是多么努力，然后主动申请加班。明明是白天就能全部完成的工作，非要等到晚上加班。璐璐很不赞同这位同事的做法，但也没有办法。同事还把很多工作交给璐璐，本来没什么问题的提案也各种挑剔。终于忍不下去了，有一回同事做了一个失误的决定，璐璐毫不客气地当着大家的面质疑她，让她很没面子，两人的矛盾日益加深，形同陌路。这时璐璐已经在这个职位上干了很久了，再过一段时间就能加薪了。但她和同事间的矛盾已经无法化解，而同事又肯定不会离开。最后，璐璐再也无法忍受这种状况了，高傲地昂着头离开了公司。

然而当璐璐又入职了一个新公司后，她才发现自己和同事还是有矛盾。而现在所做的工作还和之前的有所差别，她要学好多新的东西，之前多年的工作经验都无济于事，她的工资也没有以前那么高了。璐璐非常后悔，如果当初再忍耐一下就好了。

无论是生活中还是工作上，总有许多让人气愤或者无可奈何的事情，面对这样的情况最好的办法就是忍耐。忍耐，让我们能更快速地实现自己的目标。忍耐者，不会因为一时的悲伤而失去前进的勇气，而是选择相信未来的美好。为了更好地实现自己的目标，他们会用理智控制自己的情绪。此时的忍耐，不是无奈的选择，而是看透世事的明智选择；不是毫无原则的退让，而是退让中另谋进取。一旦合适的时机来临，他们就能一飞冲天，大展拳脚，实现自己的人生目标。

1. 忍受痛苦就能反败为胜

俗话说："失败乃成功之母。"失败也许会让我们伤心、难过，但这都没有什么。只要我们忍受住失败的痛苦，在忍耐中等待机遇，就有可能到达成功的彼岸，因为反败为胜的智慧往往是隐藏在忍耐中。当然，如果一个人无法承受打击，在失败中一蹶不振，失去勇往直前的勇气，那他是很难获得成功的。

2. 不较真，不妥协

有些喜欢较真的人在遇到挫折和困难的时候总喜欢抱怨不休，甚至在现实面前选择妥协。他们在与命运较真的过程中，失去了前进的动力。所以，在面对命运的各种挑战之时，我们应该学会忍耐，不较真，不妥协，这样才能活出自己的精彩，绽放属于自己的光芒。

3. 暂时的忍耐，是为了未来的成功

马云说："忍耐，是一种能力，也是一种境界。假如你是一株弱小的花卉，想要绽放你的美丽，你就得忍受寂寞的成长；假如你是一列钻进隧道的火车，想要沐浴温暖的阳光，你就得忍受冰冷的黑暗。冲动是魔鬼，忍耐是天使。忍过黑夜，天就亮了；耐过寒冬，春天就到了。”

忍耐并不是被现实打败，而是为了给自己留出足够的发展空间，待自己有足够的力量之时，实现自己的梦想。若心浮气躁，动辄就大发脾气，失去理智，很可能与成功擦肩而过，最终与失败为伍。

好脾气
小贴士

善于忍耐，先苦后甜。成功往往是在你忍受了常人无法承受的痛苦之后，才会到达你的身边，千万不要因为少了一点点的忍耐而与成功擦肩而过。有时一时的冲动可能导致无法挽回的后果，不如学会忍耐，享受反败为胜的喜悦。

暴躁的天敌是忍耐

忍耐是一种智慧，也是一种艺术，而忍耐也是暴躁的天敌。生活中让我们变得暴躁的事情有很多，为了一件不值得的事情去发脾气是十分不值得的。如果我们学会忍耐，那么就能让事情向好的方向发展，让很多矛盾消失于无形。而暴躁只会让事情恶化，给我们带来很多不必要的麻烦。

公共汽车上，一位青年随意往地上吐了一口痰，这一幕恰巧被车内的售票员看到了。售票员微笑着说：“各位乘客，为了保持车内的清洁卫生，请不要随地吐痰。”让人万万没想到的是，那位青年不仅没有任何羞愧的表情，反而又吐了一口痰，甚至开始破口大骂。

那位售票员被气得面色涨红，两眼瞪得溜圆，双手握着拳头，捏得咔咔直响。车上的乘客议论纷纷，大家都在讨论售票员会如何做。有的觉得售票员会大打出手，有的觉得那位青年会上去理论。大家都关心事态如何发展，有人悄悄地移到车门处，准备车门一开立马离开这个是非之地。没想到那位售票员深吸了一口气后，松开拳头，平静地看了看那位青年，对大伙说："没什么事，为了大家的安全考虑，请大家都回到自己的座位坐好。"他一边说一边弯腰将地上的痰迹全都擦掉，扔到了垃圾箱里，然后若无其事地继续维持车内秩序。

大家都被他的这一举动感动了。车上顿时变得鸦雀无声，那位青年突然不知道要说什么了，脸上也开始变得不自然。到站后刚一开车门，他就急忙跳下车。车刚刚起步的时候，一位乘客还在旁边来了句："这乘务员，我太佩服了！"车上的人都笑了，七嘴八舌地夸奖这位售票员不简单，真能忍，虽然骂不还口，却将那个浑小子制服了。

售票员面对辱骂，如果忍不住和那个青年争辩或大打出手，只会让事情更加糟糕。和他大吵，会破坏售票员的公众形象；而沉默不语，又不能让青年意识到自己的错误。售票员请大家回座位坐好，既表现出对乘客的关心，又化解了这尴尬的氛围。售票员最终无声地将痰迹擦掉，虽然他没有说任何话，但他的行为却比语言更具有影响力。

现实生活中，我们也会遇到很多的挫折和困难。期望家庭和谐，却难免有小摩擦；为了美好的明天努力工作，也可能遭到他人的嫉妒……生活中的这些不顺利的事情，往往检验着一个人的道德修养。忍耐正是一种道德修养。学会忍耐，这看似很容易的事情，却有化解人与人之间矛盾的作用。既然已经认识到忍耐的重要性，我们为什么不多多运用忍耐的力量呢？

1. 正确看待挫折

在生活中遇到挫折是不可避免的，关键在于怎样正确对待挫折。比如，你在公司领导竞争中落选了，如果因此而大发脾气，同事们会避而远之；但如果你能诚恳地承认自己的不足并发扬自己的优点，改正自己的缺点，你肯定会博得大家的赞扬，等下一次竞选的时候，大家一定会想起你之前的所作所为，你成功的几率也就大大增加了。

2. 体验艰苦劳动

“自古英雄多磨难”，抗挫折能力要在挫折中锻炼。体验艰苦的劳动不仅能锻炼我们吃苦耐劳的精神，还能培养我们忍耐的习惯。你还可以通过跑步、打羽毛球等需要耐力的运动方式来锻炼自己。

好脾气小贴士

忍无可忍，重新再忍。将暴躁和怒火拒之门外，或许你会收获一份意想不到的惊喜。忍耐是舍我其谁的勇敢担当，是以退为进的智慧，是静静的等候。当我们选择忍耐的时候，暴躁就会自动消失，因为心一旦静下来，暴躁自然就无所遁形了。忍耐和暴躁就是白天与黑夜，当你选择了阳光灿烂的白天，黑夜也就不会出现了。

让人三分，别人会还你七分

在生活中有些人会因为一些小事而和别人争论不休，得理不让人，无理也要辩几分。这是非常不明智的。与人相处时，一点也不想让步，只会让别人远离你。苏格拉底曾经说过:“一颗完全理智的心，就像是一把锋利的刀，会割伤使用它的人。”过于讲理，有时也会伤人。所以，在人际交往中，我们做事情有理也要让三分，别人自然也会还你七分的。

美国有位总统马辛利，因为用人问题遭到一些人强烈反对。在一次国会会议上，有位议员当面粗野地讥骂他。他极力忍耐，没有做什么过激的举动。等对方说完了，他才用温和的口吻道：“你现在怒气应该平息了吧，照理你是无权这样责问我的，但现在我仍然愿详细解释给你听……”他的这种做法让那位议员静下来开始反思自己的行为，两人的矛盾立即缓和了下来。试想，若马辛利当时据理力争，利用自己的职务和占理这一优势而和对方争辩的话，那对方是决不会服气的。从这个故事中可以看出，当双方处于尖锐对抗状态时，得理也要让三分才是明智的做法。

有理也让三分，就不会把事情做绝。于情不偏激，于理不过头，在追求成功的路上能进退自如。与他人相处，留有余地，就是给自己留空间，给他人留面子。那么，怎样才能做到有理也让三分呢？

1. 不要对别人寄予太高的期望

对别人期望太高，会更容易让自己失望。设身处地地为对方着想更容易理解对方的难处处和苦衷，宽容地原谅他人的过错。适当降低对别人的期望，你会发现生活是如此快乐。

2. 宽恕他人

与人发生矛盾的时候，对别人的过错耿耿于怀，还想着伺机报复是十分不明智的。在报复他人的同时，也会伤害到你自己。不如宽恕他人的过错，给他人一个机会，才能让人获得内心的平静。

3. 不过度忍耐

虽然“忍”是人际关系的润滑剂，但忍耐也是有限度的。若事事忍让，毫无原则，最终很可能失去自我。处处忍耐的人不懂得发泄自己的情绪，不善于解决问题，遇到事情只会默默承受。如此一来，只会让他们的内心越来越痛苦，消极的情绪越积累越多，而他们身边的人也会受他坏情绪的影响。何不做真实的自己，忍耐有度，快乐生活呢？

好脾气小贴士

与人相处，要有宽广的胸怀、容人的气量，学会宽容人、体谅人、饶恕人。遇到事情的时候，多设身处地地为对方着想，有理也让三分，那么，再大矛盾也能消除。

第10章

生气不如学习，提升自己，不做坏脾气的奴隶

假如你不能控制自己的坏脾气，那么，你注定要被坏脾气所左右，最终沦为坏脾气的奴隶。而坏脾气会给我们的工作和生活带来很多不好的影响。与其将时间浪费在发脾气上，不如将时间花费在更有意义的学习上。学习是无止境的，通过不断学习，可以不断提升自己，做自己情绪的主人，做不被时代抛弃的人。

真才实学比学历更加重要

有的人因为没什么学历，觉得自己比不上别人，所以不敢设想自己的未来，不敢有梦想。他们碌碌无为，浪费了宝贵的时间。其实，真才实学比学历更加重要。纵观古今中外，许多成功人士都是没有高学历的，甚至没有上过多长时间的学。但他们都早早地进入了社会这个大课堂，学习了很多在书本上没有的知识，最终创造出了属于自己的辉煌。

在一次美国《生活》周刊发起的对过去1000年中100位最有影响力的人物评选活动中，最终脱颖而出的是爱迪生。

爱迪生出平凡，只上过3个月的小学。在上学期间，老师都曾被他稀奇古怪的问题问得哑口无言。他的老师评价他是一个傻瓜，这辈子都不会有什么大作为。母亲一气之下让他退学，自己担任他的家庭教师。由于改变了学习方法，爱迪生开始对读书产生浓厚的兴趣。直到此时，爱迪生的天赋才慢慢显露出来。“他不仅博览群书，而且一目十行，过目成诵。”在母亲的支持下，爱迪生在自己家中有了一个小小实验室。为筹措实验室的必要开支，他只得外出打工，当报童卖报纸。最后，爱迪生用积攒的钱在火车的行李车厢建了个小实验室，继续做自己感兴趣的化学实验。有一天，化学物质引发了一场火灾，而他的实验室差点因此全部毁掉。暴怒的行李员把爱迪生的实验设备都扔下车，还打了他几记耳光，爱迪生因此终生耳聋。

爱迪生虽然出身寒微，学历不高，没有受过正规的学校教育，但他对学习的兴趣十分浓厚，最终依靠自己的力量创造了属于自己的辉煌。他成为国际知名的发明家和企业家，被誉为“发明大王”。

从爱迪生的故事中，我们发现，一个人即使没有高学历，也可以通过努力实现自己的人生理想。

其实学历并不能代表一个人的真实水平，它只表示一个人可能达到的某种知识程度，仅是对其才学程度和能力大小作出预测的一种根据。所以说有学历不等于就有能力，有文凭也不等于有真才实学。在现实生活中，很多人没有高学历，但同样才华横溢、能力超群，这些优秀人才所具备的素质也是有的高学历的人所欠缺的。

那么，如何获得真才实学呢？

1. 勤奋好学

对于想成就大事的人来说，勤奋是最好的人格资产。谁能一直不停下勤奋的脚步，谁就能步伐坚定向成功走去，最终实现自己的梦想。

毫无疑问，懒惰者是注定与成功无缘的。因为懒惰的人只图一时的安逸，一点点努力都不愿意付出，总想着不劳而获。但对于成功者而言，他们不相信不劳而获，只相信勤奋能改变命运。

2. 珍惜生活和工作中学习的机会

学习并不是只有在学校才能完成的。生活和工作中学习的机会还有很多，家庭、邻里、团体企业等能提供给我们学习的环境。

在实践中和现实生活中能够学到的东西有很多，我们只要以积极的心态努力学习，从各种学习中汲取知识来弥补自己的不足，就能走向人生的巅峰。

好脾气
小贴士

“知识决定命运”，在当今社会同样有现实意义。有真才实学就能赢得他人的尊重，争取到机会。能力往往比学历更重要，它不仅仅是实力，更是一种高情商的表现，只要我们运用好它，必定能事半功倍。

不断学习，增加竞争优势

“没有哪个人可以永远独占鳌头，在瞬息万变的世界里，唯有虚心学习的人才能够掌握未来。”在这个竞争激烈的社会，每个人每天都应该问自己：“今天，我又学习了什么新的知识？有没有比昨天进步？”苹果公司的创始人乔布斯有这样一句话：“求知若饥，虚心若愚。”人生之路上，我们应该始终保持旺盛的求知欲，充满激情地工作和学习，学会在工作中边做边学。

世界著名的成功学专家拿破仑·希尔曾经聘用一位年轻的小姐当助手。助手的主要工作包括替他拆阅、分类及回复部分私人信件。虽然这听起来是十分简单、乏味的工作，但他的助理却在其中找到了乐趣。

她并不像其他人那样，只是简单地重复一些动作，而是在工作中不断学习，不断地获得知识。当时，她有很多时间是花费在给粉丝回信上的。她就拿破仑回信中的遣词造句、语句等做过专门的研究。研究了一段时间后，她可以帮拿破仑·希尔给读者写回信了。这些信回复得跟拿破仑·希尔自己写的一样好，有时甚至更好。她一直很好地完成这个任务，直到拿破仑·希尔的私人秘书辞职为止。当拿破仑·希尔开始想要招聘人的时候，他很自然地想到了这位助手。由于她在工作中不断学习、不断提升，终于成为了可以胜任拿破仑秘书工作的人。

不仅如此，这位助手的办事效率还引起了其他人的注意，有很多人为她提供了更好的职位，她的薪水也多次上涨。现在她的工资已经是当初当助理时工资的四倍了。通过在工作中的学习，她让自己变得更加优秀，变得不可或缺，因此，拿破仑·希尔一次次通过提高工资的办法来让她继续做自己的帮手。

这位助理正是因为在工作中不断学习，不断提升自己，最终成为了不可替代的人。在边干边学的过程中，这位年轻的小姐获得了丰富的知识。

1. 在工作中不断学习，才能不被淘汰

在这个充满竞争的时代，我们一直都在追寻着自己的人生价值。我们希望自己更加优秀，能够更好地发展，最终实现自己的人生理想。但这一切都要如何实现呢？

答案是学习。不要觉得离开了学校就不需要学习，若你想脱颖而出、不被社会淘汰，你就需要不断学习，这是一条永恒不变的规律。只有遵循这条规律的人，才能成为这个时代的强者。

现实告诉我们，想要更好地发展，就必须及时更新自我。只有不断学习，才能增进自己的竞争优势，才能不被社会淘汰。

2. 在工作中不断学习，才能提升自我

在这个飞速发展的时代，学习已经是一件终生的事情，不再受时间、环境等的限制。人们在工作中也不要忘了学习，要不断提升自己，让自己更加优秀。

好脾气小贴士

一个人凭自己的经验得出的结论当然是最好，但是时间就浪费得多了，如果能将书本知识和实际工作结合起来，那才是最好的。 ——李嘉诚

学习是没有止境的

古希腊哲学家芝诺曾经画了一个圆，他说：“圆里面是我掌握的知识，圆外面是未知的知识。这个圆越大，我不知道的就越多。”西汉学者韩婴也说：“学而不已，阖棺乃止。”意思是说，学习是没有止境的。

培根说：“知识就是力量。”而知识决定命运。知识是人类智慧的阶梯，知识是引导人类走向文明的灯塔。学习则是求得知识的唯一途径。诗人歌德说：“人不只是靠他生来就拥有的一切，而是靠他从学习中所得到的一切来造就自己。”

吴国的大将吕蒙从小就没怎么学习过，15 岁的时候他就跟着姐夫邓当去打仗，由于英勇善战，屡建战功，31 岁就升为四野中郎将。由于他目不识丁，每逢给孙权上书的时候，都让别人代写。因为是口述的，所以时常闹出一些词不达意的笑话，弄得孙权哭笑不得。所以，吴主孙权劝吕蒙多读一些书，批评他不应以军事繁忙为由而不读书。这使吕蒙十分感动。从此，吕蒙开始发奋读书，而且进步很快。最后，他再也不是当初那个不通文字的人了。过了两年，吴国军事统帅周瑜病死，鲁肃接替周瑜为都督。鲁肃原以为吕蒙只是一个不识丁的武将，很看不起他。有一次，鲁肃路过吕蒙驻防的地方去看望吕蒙，故意为难他，提出了许多战略上的问题，他本以为吕蒙一定会瞠目结舌，却不料吕蒙都详尽地答出来了，特别是如何对待蜀国大将关羽，吕蒙讲了五条应敌之策，有的连鲁肃也未曾想到。鲁肃发现吕蒙成了一个文武双全的人，大为惊喜，当即从座位上站起来，拍着他的肩膀说：“我原来认为你只有武略，是个粗莽武夫，今天同你谈话，才知你是一个有学问有见识的人，你已经不是当年的吴下阿蒙了！”吕蒙听了他的“学识英博、非复吴下阿蒙”的评语后，幽默地说：“士别三日，即更刮目相看。”

学习是一辈子的事情，我们应该对自己提出更高的要求。只有不断学习，才能不断地突破自己，让自己的学问修养愈来愈深厚。梁实秋在《学问与趣味》中说道："学无止境，一生的时间都嫌太短。"很多优秀的人都曾发出过这样的感叹。他们在学习中不断提升自己，走上了人生的巅峰。优秀的人尚且如此，我们普通人更应该多学习了。

1. 不断学习，成功需要终生学习

人的潜能是无限的，成功没有止境，学习也是没有止境的。不断学习，你就能不断提升。

人是需要用一辈子的时间来学习的。终生学习，你就会收获一生；终生学习，你就会不断获得成功，不断超越自己。

2. 学海无涯，培养终生学习的习惯

人的一生就是不断学习的过程，在学校中学习，在工作中学习。一个人一旦停止学习，就很可能会被淘汰。一个人若想在社会中立于不败之地，就一定要培养终生学习的习惯。

好脾气小贴士

巴丹说："阅读不能改变人生的长度，但可以改变人生的宽度。阅读不能改变人生的起点，但可以改变人生的终点。"知识是无止境的，即使倾尽一生来学习，收获的知识也是十分有限的。所以人的一生都要不停地学习，因为只有这样才能够不被社会淘汰，不断超越自我，创造属于自己的辉煌。

珍惜时间是获得成功的保障

王尔德说："如果你浪费了自己的年龄，那是挺可悲的。因为你的青春只能持续一点儿时间。”

每一个人出生时，上苍赐予他们最好的礼物就是时间。不论是穷人还是富人，时间对每个人都是公平的，每天都是24小时。而在这同样的时间里，有的人成为了一个伟人，有的人归于平凡，这是为什么呢？著名的物理学家爱因斯坦认为：“人与人之间的最大区别就在于怎样利用时间。”

陆机在《短歌行》中说道：“人寿几何？逝如朝霞。时无重至，华不在阳。”人的寿命是有限的，逝去的就不能再重来。我们又该如何度过自己的一生呢？是纠缠于各种俗事而脱不开身，还是做很多有意义的事情？无论选择何种人生，我们都应该珍惜时间，万不能在长吁短叹中让时间从我们的身边流逝。

纵观历史，很多人的成功都归结于“珍惜时间”，居里夫人、鲁迅、巴尔扎克、雨果、歌德、法拉第……他们都充分利用生命中的每一分钟。伟大的文学家鲁迅就曾经说过：“哪里有天才，我是把别人喝咖啡的时间都用在工作上了。”他把自己的成功全部归结于珍惜时间。

鲁迅12岁在绍兴城“三味书屋”读私塾的时候，父亲正身患重病，家里还剩下两个年幼的弟弟。鲁迅不仅经常上当铺，跑药店，还得帮助母亲干家务。

有一天，鲁迅因为在家中帮母亲做事而迟到了，被老师严厉地批评了一通。鲁迅挨了训以后，并没有什么不满和埋怨，他反而诚恳地接受批评，决心做好详尽的时间安排，再也不会因为做事而迟到。

于是，他回到教室后，用小刀在桌子的角落刻下了一个“早”字，用以提醒和鞭策自己珍惜时间，认真学知识。

生命就是一个利用时间的过程，谁能更好利用时间，谁就能做更多有意义的事情，赢得精彩的人生。

那么，如何充分利用时间呢？

1. 合理利用时间，提高做事效率

珍惜时间，提高工作效率。效率就是用更少的时间做更多的事情。有的人并没有合理地安排时间，虽然一天到晚都没有休息的时候，但是最后并没有什么成果，这样的人即使再勤奋，也很难有大成就的。怎么提高工作效率呢？一天 24 小时，除去睡眠时间，人类大脑的活跃程度也是有差别的。我们可以摸清这些规律，进而更好地利用时间。一般来说，早上创造性更强，上午的接受能力比较好，下午的周密思考能力最敏捷，晚上八九点钟记忆力最强。人们可以根据这些规律合理安排自己的时间，在最恰当的时间做合适的事情，这样才更加有效率，这才是真正的珍惜时间。

2. 把自己的时间排满

除了休息时间外把自己的时间安排得满满的。假如给自己安排的事情很少，那么，无论最终事情完成得多么好，你也没有充分利用时间。

把自己一天、一周要做的事情都排得满满的，从而促使自己勤奋努力，让自己更加优秀。这一时的充分利用或许不很有利，但一生积累，的确非常有益。

3. 投入最多的时间发挥自己的特长

所做的事情越有意义，时间的利用率就越高，反之，时间的利用率就越低。若把时间都浪费在毫无意义的事情上，那么也都等于浪费时间了。所以，你应该投入更多的时间发挥自己的特长，投入的时间越多，对个人发展越有利，时间的利用率也更高。

4. 充分利用休息时间

你可以充分利用休息时间，如饭后、下午茶时间和朋友、同事攀谈，这样既有利于我们放松身心，又有利于沟通感情。

好脾气小贴士

“人生七十古来稀，三分之一要睡去。”每天的 24 小时都是造物者给我们最大的恩惠，它不可预测又有很多精彩，遍布着很多机遇和挫折。人生短暂，不要将时间浪费在毫无意义的事情上，不虚度光阴。懂得珍惜时间，就是珍惜自己的生命。

择善而从，虚心好学

俗话讲“谦虚使人进步，骄傲使人落后。”成功的人大多是谦虚的。泰戈尔曾经说过：“当我们大为谦卑的时候，便是我们最近于伟大的时候。”谦卑的人不会因为别人的称赞而沾沾自喜，也不会因为别人的批评而心怀不满。谦卑使人进步，骄傲使人落后。骄傲的人还未行动，路已经被堵塞了。

佛罗伦萨人采掘到一块质地精美的大理石，这块大理石很适合雕刻一座大型雕像，但是很多人都不敢动手，怕破坏这块大理石。终于有一天，一位雕刻师来了，他只在后面打了一凿就停手了。而这块大理石正是雕刻家米开朗基罗创作大卫像的那一块。

有人问米开朗琪罗：“那位雕刻家是否太冒失？”

“不，”米开朗基罗说，“那位先生相当慎重，如果他冒失轻率的话，这块材料早已不存在了，我的大卫像也就无从产生。这点伤痕对我未尝没有好处，因为它无时无刻不在提醒我，每下一刀一凿都不能有丝毫的疏忽。在我雕刻大卫的过程中，那位老师的行为自始至终都在我的身边警醒着我。”

子曰：“三人行必有我师。”每个人都有自己的优点，每个人都有自己的特长，都值得我们去学习。一起工作的同事、要好的朋友、亲密的家人、邻居都是我们要学习的对象。我们应该以更加谦卑的态度面对工作和生活，向身边的人每一个人学习。

瑞士有句古话：“傻瓜从聪明人那儿什么也学不到，聪明人却能从傻瓜那儿学到很多。”这就是告诉我们要谦逊礼让，谦虚地向他人学习。

1. 学会谦虚

古人说："谦受益，满招损。"这是我们每一个人从小就耳熟能详的。道理都明白，但真正能做到的人却很少。谦虚是一种生活态度，一种美德。古籍《易·谦》里就有这样的话："人道恶盈而好谦。"意思是说，人之常理是厌恶自满而喜欢谦逊的。我们每个人都应该学习谦虚，都要有一种"谦虚谨慎、戒骄戒躁"的精神。

2. 选择学习对象

巴菲特说："每个人其实都是一匹布，最初都是纯白色的。但是随着年龄的增长，接触到的人和事越来越多，这匹白布上面的颜色也跟着越来越多。只有取其精华，去其糟粕，才能够描绘出一幅真正美丽的画面。"

的确如此，我们在社会的大染缸中，要懂得如何去选择自己的学习对象，一旦学习对象选择错误很可能将我们引向歧途。每个人与他人接触的时候，都要保持冷静，知道应该学习什么，应该舍弃什么。因为很多时候，我们在不知不觉间将一些我们不喜欢的颜色涂抹到了自己的身上。

好脾气小贴士

做人自谦，从个人来说这是最老实的态度。世界之大，无奇不有，个人无论如何神通广大，也不过宇宙间一粒尘埃而已，更何况山外青山楼外楼。所以，做人要自谦。谦虚既可以让你收获好人缘，还可以收获更多知识，何乐而不为呢？

第11章

让心沉稳下来，让坏脾气无处可待

哲人说：太阳底下所有的痛苦，有的可以解决，有的则不能，如有就去寻找，如无就忘掉它。我们知道，人生并不可能一帆风顺，我们需要接受那些令自己痛苦的现实，而不是遇到事情就大发脾气。控制坏脾气，需要从调节心态开始。

执着是精神，但也应学会适时放弃

一个现代很知名的作家向观众分享自己的成功秘诀。他首先将自己的成功归功于执着，第二也是执着，第三还是执着。台下有人问：“还有别的秘诀吗？”在场的人都笑了。作家很风趣地说：“问得好，可惜我没遇到！”然后他很认真地告诉提问的人说：“如果有第四，那就是放弃。”作家接着说：“如果你坚持很久后仍无法获得成功，那么恐怕就是你的方向出了问题，或者是你的能力还无法实现这个目标，这个时候，放弃比执着更明智。这时，你就该重新审视自己，及时调整自己的方向了。”

执着是人生的一种积极姿态，但人们往往因为一心追逐目标而错失了生命中很多更珍贵的东西。不合时宜的执着会让人摸不着头脑，碰很多钉子，失去其原有的积极性，往往也会错过路途中最美丽的景色。那么，我们为何不放下自己过分的执着，坦然地面对生活，学会放手，学会变通呢？这样或许能让你获得更多值得珍惜的东西，让心灵得到喘息的机会。

1. 学会放手

执着固然一种精神，但在控制情绪方面，却并不是让人安心的智慧。如果在该放手的时候不放手的话，只会让自己身心疲惫。其实，很多东西都是可以放下的，只有放得下，拿得起，在该放手的时候放手，才能得到。因此，不论是做人还是做事，都不要过于执着，要懂得放手的智慧。

2. 学会变通

成功学说："没有做不到的事，只有不会变通的人。"在适当的时候放下执着，学会变通，才能让自己拥有好心情，才能不断拥有新的机会。

在外界条件相差无几的时候，只有适时舍弃执着、学会变通才能为自己不断赢得胜算。

生活中，那些能够取得成功的人都是信念坚定但会适时舍弃执着、善于变通之人。愚昧的人只知道固执地坚持自己的选择，即使知道自己的想法或者行为是错误的，也不撞南墙不回头；而智者懂得变通，不固执己见，不一成不变。只有寻求变通，才能赢定未来。

好脾气
小贴士

世上万事万物都处于矛盾运动之中，有成功就有失败，有得到就有失去。该放手时就放手，放下所谓的执着，这才是人生明智的选择。

学会轻装前行，只取你所需的

在人生的路上，我们背着自己的行囊一路向前。在前进的路上，我们总是不断在自己行囊里放上东西，就这样我们背着的东西越来越多，让自己身心不堪重负，旅途的轻松和快乐也渐渐地消失了。

所以，若你在生活中感到身心疲惫、不堪重负，那么就停下来，认真地思考一下是否背负的太多了，是不是可以放下那些没有太多价值的、不必要的包袱。其实，人活在这个世界上，简简单单才是最真实、最幸福的生活方式。聪明的人都懂得享受简单的生活，放下不必要的东西，只取自己需要的。

据说上帝在创造蜈蚣时，并没有赋予它们脚，但它们还是能像蛇一样爬得很快。

蜈蚣看到身边的伙伴大多是有脚的，它们平时奔跑的速度要比自己快很多。于是，蜈蚣心里很是不满，说道："我要是有脚，跑得也能那么快。不，比它们还快。"

于是，它便向上帝祷告说："上帝啊，我希望拥有比其他动物更多的脚。"

上帝答应了蜈蚣的请求，把许多许多的脚放在蜈蚣面前任它选择。

蜈蚣迫不及待地左看看右看看，一只也舍不得放下。它将这些脚一只只都贴在自己的身上，直到实在无处可贴时，它才依依不舍地放下手中的脚。

看着自己拥有如此多的脚，蜈蚣感到十分满足，心中暗自窃喜："现在我比其他动物的脚都多，我一定是跑得最快的！"

可是，事情并不像蜈蚣预想的那样发展，当它向同伴展示自己的脚时，才发现自己连跑到它们身边都很难。它根本无法控制这些脚。这些脚噼里啪啦地各走各的，它不得不全神贯注，费了九牛二虎之力才使这一大堆脚不至于互相影响而顺利前行。

蜈蚣正是因为欲望太多，以致给自己增添了很多不必要的负担，这些负担不仅是身体上的，更多的是精神上的。现实生活中亦然，只有卸掉自己的精神包袱，你才能活得更加轻松、自由。

1. 不要只盯着坏的一面

任何事物都具有两面性，有好的一方面也有坏的一方面。每个人都应该在好坏间进行取舍，不要总盯着坏的一面，而应该多向好的方面看。若一味地往积极的方面看，希望必定无穷；若一味地往坏的方面看，一定会觉得痛苦。

2. 学会拿得起放得下

学会放手是一种智慧，是理智思考后的明智选择。放手，减轻身上的负担，让自己轻装前行，可以让你摆脱烦恼和忧愁，内心获得宁静。

放下是一种觉悟，更是一种心灵的自由。拿得起，放得下，想得开，才能收获快乐。

好脾气
小贴士

人生短暂，面对失败，我们要学会坚强，学会乐观，学会控制好情绪，更要学会调整自己的心态。保持好情绪，拥有好心情才是至关重要的。

若路不通，学会变通

生活中，有的人不知变通，最后可能就无路可走了。如果你发现这条路是走不通的，那么就换另外一条路去走。不要执着于一种固定的思维，到达成功的道路并不是只有一条，当你发现这个办法行不通的时候，就要及时转换自己的思路，这样你才可以到达成功的彼岸，收获好心情，远离坏脾气。

很多人虽然懂得变通的道理，但是又舍不得之前所获得的一些东西，就开始在守旧和重新开始之间左右摇摆。到底要不要放弃曾经拥有的一切，重新开始一段未知的旅程呢？现实会给我们答案。

汤姆的求学路一直不平坦，他有好几次都差点被学校劝退。好不容易高中毕业后，班主任语重心长地对他的母亲说：“汤姆实在不适合继续读书了。他连最基本的理解能力都很差，他连听懂课堂上所讲的内容都是一件不容易的事情。他甚至连小学生就会的两位数的加法都不会做。”他的母亲听后不相信，决定自己做汤姆的老师。然而，妈妈教也并没有什么改善，汤姆还是无法听懂她所说的话，有时连前几分钟所讲的知识都忘记了。汤姆很伤心，他决定远走他乡……

许多年后，市政府计划为一位名人修建一座雕像。众多雕塑师都献上自己的作品想要获得这个机会。最终，一位远道而来的大师获得了胜利。开幕式上，他说：“我想把这座雕塑献给我的母亲，因为，我读书时没有获得她期望中的成功，现在我要告诉她，大学里没有我的位置，但生活中总会有我的一个位置。”这个人就是汤姆。人群中汤姆的母亲听后高兴地哭了起来。她知道汤姆并没有什么不足，以前他只是没找准自己的位置而已。

当我们发现一条路并不适合我们的时候，就需要抛弃固执，学会变通，最终到达成功的彼岸。在当今社会，变化无处不在，要保持一种变通的心态，迎接挑战。

1. 接受客观事实

现实是客观存在的，不因你的意志而转移，要接受它，这是驾驭自己情绪的第一步。接下来，再分析一下自己对事物的反应激烈程度。如果自己想要发脾气，就要给自己的情绪降温，让自己的内心重归平静，让消极情绪慢慢消除，让自己做出最明智的选择。

2. 让自己的眼界更开阔

多接触外面的世界，不仅可以让我们的眼界更开阔，也能让自己的心胸变得更加开阔。只有眼界开阔了，我们才会认识到自己的不足，看清自己需要重新选一条合适的道路，才能更快地实现自己的梦想。

好脾气小贴士

成功没有捷径，但我们可以少走一些弯路，走最合适的路，所以，我们要学会变通。变通不是屈服，而是积蓄力量的手段，它如海上的灯塔一样指引我们到达成功的彼岸。

既然改变不了世界，那就改变心情

在漫漫的人生道路上，很多事情都是我们无法预料的，虽然有时候很难接受，但是你浪费很多时间去感受伤心和痛苦，也无法改变客观事实。此时，不妨坦然地接受现实，换一种心情，以积极的人生态度去生活。这样，你不仅会忘却那些伤心、痛苦，还会感受到原本生命的美好。

你的心态决定你拥有什么样的生活。人生在世，谁都会遇到各种不好的事情，如果消极看待，抱怨连连，只会沉浸在痛苦中难以自拔。若以乐观的心态看待，积极地生活，你的生活也会变得更加幸福、快乐，感受到生命中更多的美好。

既然无力改变世界，我们不如改变自己，改变生活态度，改变心情，这也不失为人生的一种智慧。

托马斯是一位著名的导演。他曾经导演了一系列战争方面的电影，引起全世界的广泛的关注。在他的事业巅峰期，伦敦歌剧节因为他没有时间做演讲而被整整推迟了六个星期，以便让他在卡尔文化皇家歌剧院继续讲述那些冒险的故事。

但是几年后，就很少有人关注他了。他拍摄的电影都没有多少人看，而且更为严重的是，他发现自己已经破产了。那时候，他连正常的一日三餐都无法保证，只好去街边的小店吃最便宜的东西。

在刚刚开始的时候，托马斯很难以接受，也不知道如何走出困境，每天都生活在忧虑之中。他感觉自己的身体变得越来越不好，甚至想到了死亡。不过他知道，如果自己被现实打败的话，就会在别人眼里一钱不值了，而他的债权人更会这样看他。所以，他决定让自己重新振作起来。于是他每天出门前都在衣襟上插一朵美丽的鲜花，然后高昂着头向外走去。慢慢地，他的内心变得积极而勇敢，任何困难都无法打败他。三年之后，他又重新回到了事业高峰，他曾经失去的东西又重新回到了身边。

快乐是一天，悲伤也是一天，那些已经发生的事情，无论我们做什么都无力改变，就不要赔掉自己今天的好心情了。我们能做的就是尽快接受现实，不和过去较真，改变心情，才能改变自己不尽如人意的命运。

那么，如何让自己拥有好心情呢？

1. 接受不能改变的事实

首先，我们要学会接受那些无法改变的事实。接受现实，走出悲伤、痛苦，以积极的心态生活，享受生命的美好。有诗人说："让我们学着像树林一样顺其自然，面对黑夜、风暴、饥饿、意外等挫折。"相信自己，积极面对，这是生存的智慧。

2. 微笑面对生活

无论怎样生活都要继续下去。无论过去是何种模样，无论过去发生过什么，都已经成为过去，最好的永远在未来。我们应该学着微笑面对生活。微笑是最美好的表情，你会因为留下微笑而得到更多回报。

好脾气小贴士

既然过去的事情无法改变，我们为什么不可以改变我们的心情，让自己生活得更加快乐呢？生命中有那么多的美好，为什么总纠结于过去的种种呢？不如接受现实，改变自己的心情，进而改变自己的生活。

换个活法，你才会彻底摆脱急脾气

人间的快乐与痛苦都是我们内心的感受，美国心理学家通过社会调查得出结论：智商高的人比智商低的人缺少快乐，是因为他们的内心总是不满足。当人们能坦然地面对生命中的各种严苛挑战，积极地生活，生活也会大为不同。

一对老夫妇请了一个工人为家里粉刷墙壁。那位工人一进门就发现，这个家庭十分贫穷，家里的人口很多，房间的布置也很简陋，而且家里的男主人还是一位双目失明的人。粉刷匠很快开始投入了工作。那位男主人是一个十分乐观的人，总是微笑着和他说笑。粉刷工作完成后，那个男主人将工钱交给粉刷匠。但粉刷匠将一半的钱还了回来，说道："这些就足够了。"老太太心里有些过意不去："怎么能收这么少？这么多的工作啊。"

粉刷匠回答说："跟你丈夫在一起的这几天，我过得十分开心。他积极的态度也激励着我，让我觉得自己现在的生活也没有那么糟糕，这个影响远比金钱更有价值。因此，减去的那一半工钱，就算是我对他表示的一点儿谢意！"

粉刷匠的话使老太太流下了眼泪。因为这位热心、慷慨的粉刷匠，只有一条腿。

鲁迅先生有言："伟大的心胸，应该用笑脸来迎接悲惨的厄运，用百倍的勇气来应付一切不幸。"积极乐观的人即使正身处痛苦中，也能看到未来的希望；消极的人即使在希望中也很难感到快乐，因为他们总是以消极的态度看待问题，时时活在忧虑中。如果你无法改变生命的历程，何不改变一下生活的态度呢？换一种态度面对世界，你的人生也会因此变得不同。

想要换个活法，不妨试着：

1. 寻找新目标

厌烦大多是由于生活中缺少指引导致的。很多人都有这样的烦恼：做事没有激情，也没有什么人生方向。人的需要是多种多样的，一种需要得到满足以后还会产生新的需要，心情也随需要的变化而变化。既然不满足于现状，就应该改变现有的生活，寻找新的目标。新的目标让生活多了更多可能。

2. 客观分析让自己情绪低落的事情

如果你感到心情不好，总是活在痛苦中，你就应该客观地分析让自己心情不好的原因，把这些想说的话说出来或者写下来。久而久之，你就会发现你所担心的事情大多是杞人忧天。当认识到这一事实后，你就能更好地控制自己的情绪，不被一时的情绪左右了。到了那时，你的行为和思想也会有所改变。

好脾气小贴士

生活总有酸甜苦辣、喜怒哀乐，关键在于我们的内心如何选择。只要以积极的心态看待，那么痛苦也能酝酿出甘甜。只要我们换个角度就会发现，很多事情变得没有那么痛苦了。换个角度，换种心态，换个生活方式。

第 12 章 善待朋友不挑剔，坏脾气才不会找上你

每个人都是平等的，都应该被善待。我们应该学会善待他人、关心他人、理解他人，让对方感受到温暖。善待朋友就是架设了一道通往幸福的桥梁，让自己的生活更加快乐。善待朋友不挑剔，坏脾气才不会找上你。

十全十美只存在于梦想中

作家徐璐说："不要苛求别人，更不要刻薄自己，这样快乐会很容易。"其实，生活中的诸多不快乐，也源于对他人太过苛求。

我们每个人都应该知道，完美是并不存在的。每个人都有优点，也有缺点。人际交往中，若总是苛求完美，那么永远也交不到真心的朋友。朋友总有长处和短处，十全十美的朋友是找不到的。接纳朋友优点的同时，也要接纳朋友的缺点，唯有如此，你才能收获真正的友谊。若无法接纳朋友的缺点，希望自己的朋友是完美的，那这明显是一种奢望。世界上完美是并不存在的，苛求完美，最后只会让身边的朋友离你越来越远。

小敏一直是一个对自己要求很严格的人，她不仅对自己要求完美，对身边的人也严格要求。比如她是一个有洁癖的人，就不允许同屋的室友将自己的脏衣服丢在床下不洗；她是一个沉默寡言的人，也要求身边的人少说话，最好保持沉默；她觉得浪费时间是一种可耻的行为，也希望周围的人最好放弃玩乐，无时无刻都认真学习或者工作。总之，她觉得身边的人身上全都是缺点。而身边的朋友也忍受不了她处处要求完美，所以选择了孤立她。这下她只能自己严格要求自己了。

其实，一个人根本无需要求自己和他人都那么完美，这样只会让自己活得很累。人无完人，每个人都有自己的缺点，包括我们自己。所以，我们不应该苛求自己和他人完美，如此才能让自己活得更加轻松、快乐。

1. 认识到人无完人

哲人说："不求尽如人意，但求无愧我心。"要知道，在这个世界上，完美在现实生活中是并不存在的，追求完美也仅仅是一种美好的憧憬。任何一个人都不是十全十美的，也不可能处处都比他人强。实际上，有自己的特长就已经十分了不起了，想在各个方面都比他人优秀，最终结果可能适得其反。所以，我们应该充分认识到人无完人，完美也并不存在。

2. 放弃完美

学会放弃完美，因为我们本身就不是完美的，这才是现实。放弃完美选择更适合自己的，才能及早向成功迈进，这才是明智的选择。

好脾气小贴士

现实生活中，对他人、对自己都不宜过于苛求，否则会让自己生活在痛苦中。不苛求完美，不苛求自己和他人，顺其自然，永远保持向前的姿态，生活也会更加幸福、快乐。

欲速则不达，拒绝急功近利

每个人都有自己的目标，支撑自己不断奋起拼搏的动力就是对成功的欲望。合理的欲望是督促我们向上的动力，没有欲望的人是很难获得成功的。但在我们追逐梦想的过程中，一定不要急功近利，急功近利只会成为我们人生路上的障碍。

1950年，丰田公司危机，工业公司和销售公司发生分离。但是，不久爆发的朝鲜战争却给丰田带来了喜讯——美军大量的卡车订单使丰田汽车公司看到了新的希望。这对于亲身体验了产销分离痛苦的丰田英二来说，自然希望回到以前产销一体的体制。但是事情并不是想象中的那么简单，工业公司和销售公司分离的体制已经形成，当时负责技术部门的董事丰田英二深知，即使他提出重新合并的建议，在当时也是无法实现的。

丰田英二在定位丰田的发展时花费了很长时间。他在深思熟虑考察各种条件的同时，还要衡量各方面的利益是否均衡。他认为条件尚不成熟，即使勉强一试最终也会以失败收场，他需要的是耐心地等待机遇。

过了32年时间，丰田的两家公司终于结束了产销分离的局面，诞生了全新的丰田公司，丰田英二终于等到了期待的结果。

成功者与失败者的区别往往不是付出的努力更多，或者头脑更聪明，只在于他们不急功近利，忍耐得住失败的痛苦，耐心等待成功的机会。

急功近利的人很难有所成就，因为他们没有长远的目标，没有远大的志向，他们全部的精力、时间和生命浪费在一些短期的收获中，消失在虚浮浅薄的思想中。他们或许会有一时的收获，但收获的往往不值得付出那么多，而且这样的人活得太累。所以，他们不能拥有真正的幸福和快乐。

想要成功，就要遏制急功近利的心态，专注做好眼前的事情，才能更好地实现自己的目标。

1. 不要把面子看得太重

一个人要活得有尊严，但绝不能为了保存颜面而走上死要面子活受罪的歧途。面子只是一种心理累赘，放下面子才能更好地实现目标。

2. 要有正确的人生目标

何塞·马蒂说过："虚荣者注视自己的名字，光荣者注视祖国的事业。"一个人追求的目标越高，越容易告别急功近利。

3. 要有自知之明

拒绝急功近利，要全面地了解自己的优点和缺点，全面地了解自己的实力。既不用快速实现目标来证明自己的能力，也不用逃避现实来隐藏自己的缺点，脚踏实地，做好自己就好。

好脾气小贴士

急功近利的人总是在前进和小收获或者失去中虚度光阴。所以，我们不应该急功近利，只要努力付出，总会达到成功的彼岸，不必急在一时。

过度挑剔不如充实自己

在当今社会中，有的人喜欢挑剔，但他们却忽略了不完美才是真正的生活。任何事情都是不完美的，世界上没有完美的事情，我们又何必苛求自己和他人呢？不如放下挑剔，通过各种途径来充实自己。真正明智的人，从来不会过度挑剔，他们懂得欣赏身边的人，让自己变得更加优秀，让自己活得更加快乐。

每个人都有着各自的优缺点，与其对对方的缺点百般挑剔，不如把时间省下来，多充实自己，从优秀的人变为更加优秀的人。在这个过程中，你会发现别人身上有很多值得你学习的优点。

那么，如何远离挑剔呢？

1. 不能以要求自己的标准来要求他人

每个人在性格、爱好、职业、习惯等诸多方面存在着很大的差异，对事物、问题的认识与理解也不尽相同，因此不要以自己的标准来要求他人，要承认个体的差异性，并能坦然地接受自己和他人的差异。不要企图去改变别人，你能改变的只有自己。

2. 不可吹毛求疵

金无足赤，人无完人。宋代文士袁采说过：“圣贤犹不能无过，况人非圣贤，安得每事尽善？”每个人都会不可避免地犯一些错误。这时不要大声指责，甚至让对方下不来台，而要做到宽容待人，多看别人的优点。

3. 不要怨恨他人

若他人未能达到你的要求或者做错了事情，切不可怨恨他人。因为怨恨不仅会破坏彼此的感情，而且会扰乱正常思维，使情绪急躁。凡事要多设身处地地为对方着想，这样就更理解对方的行为或者感情了。

好脾气小贴士

有的时候，你必须知道你只是一颗普通的砂砾，而非价值连城的珍珠。若要使自己脱颖而出，与其浪费时间在挑剔上，不如努力充实自己。

批评，并不是让你生气的理由

生活中，对于别人的批评、意见，心胸狭窄的人可能会把它看成是包袱，并因此嫉恨；心态宽容的人则把它看作是提高和充实自己的机会，并报以感谢。一代明君唐太宗李世民曾说过：“以铜为镜，可以正衣冠；以古为镜，可以知兴替；以人为镜，可以明得失。”贞观之治乃至大唐盛世的出现，可以说是因为太宗听得进宰相魏徵的逆耳忠言。批评是一门艺术，然而接受批评更需要勇气。几乎每个人都知道批评的价值，但有些人还是无法正确地看待他人的批评。接受别人的批评就是听取别人的意见，同时又不否定自己，而是换个角度看看自己，发现自己的缺点和不足。虚心接受别人的批评和建议，不仅能帮助你不断完善自己，少走很多弯路，还能让你在沟通中畅通无阻。

惠茜是从一个语言学校毕业的。在学校期间，惠茜的成绩一直在班级里是名列前茅的，精通几国语言。她的目标是进入一个外贸公司做秘书工作。然而，惠茜几乎跑遍了所有这样的公司，都被婉拒了，理由是惠茜缺乏工作经验，无法胜任他们的工作。

在所有应聘的公司当中，有一家公司的态度令惠茜十分气愤。负责招聘的人说："你根本不了解我们公司的主营内容，也不了解工作的性质。而且，你用瑞典文写的求职信也是错漏百出，所以，我们不会录用你的。"

惠茜当时很想和对方理论，可是她转念一想："或许这个人说的也不是没有道理。我虽然学过瑞典文，但毕竟不是母语，可能我确实犯了很多错误，就连我自己也不知道。如果真是这样的话，那么以后应该多加学习。虽然他的批评听起来有些难以接受，但是，我不但不应该反驳他.反而应该感谢他才对。"

于是，惠茜急忙换了个笑脸说："感谢您在百忙之中抽时间来接待我，并且帮助我找出了自己的不足之处，这实在是我今天的最大收获。对于把贵公司业务弄错的事情，我觉得非常抱歉。我之所以写求职信给您，是因为我听说您是这一行的领军人物。我并不知道我的信中有那么多文法上的错误，我觉得很惭愧，所以我打算继续努力学习瑞典文，以改正我的错误，希望有一天可以用正确无误的瑞典文再一次写求职信给您。"

几天之后，惠茜在回家的路上突然接到了那个公司的电话，对方告诉她她被录取了，并让她尽快到公司报道。

当别人批评你时，你千万不要为此不悦甚至恼怒，最明智的做法就是耐心听取对方的意见，慎重选择，诚心采纳，衷心感谢。一个人的心胸有多大，成就就会有多大。忠言逆耳利于行。对于别人的意见，心胸狭隘的人可能会把它看成是包袱，而心胸宽广的人则把它看作是提高和充实自己的机会。

对于别人的批评，我们还应有一份冷静、一份坦然，不必因为其刺耳、苛刻而痛苦。在批评中，我们不断成长。

生活中，我们面对批评时，可以按下面的原则去处理：

1. 正视自己的不足，虚心接受批评

人非圣贤，孰能无过。有时别人的批评不是针对我们本身，而是不满我们做事情的方式或者对人的态度。他们只是给我们一些中肯的建议，并不是无中生有的挑剔。善意的批评能让我们看到自己的缺点，以便弥补自己的不足，不断成长。

西方谚语说："恭维是盖着鲜花的深渊，批评是防止你跌倒的拐杖。"若无法接受别人一点的批评，最后只会成为一个狂妄自大的人。"忠言逆耳"，别人的批评有时是比较刺耳，只有虚心接受批评的人，才能改正缺点，提升自己。所以，我们应该培养自己虚心接受批评的习惯，否则对我们的发展是极其不利的。

2. 以平常心面对无理的批评

有时，你所面对的那些批评是毫无根据的，这时不要被情绪左右而丧失理智，你完全可以忽略它。

当别人对你有误解的时候，虽然你不能阻止别人对你做任何不公正的批评，但你可以做一件重要的事，即可以决定是否要让自己受到那些不公正批评的干扰。这个决定将直接影响你后续的行动。

世界上没有十全十美的人，每个人身边都会有批评的声音，受批评后不要伤心、难过，或者产生无所谓的态度，更不必耿耿于怀，而应做到"有则改之，无则加勉"。只有做到这一点，才能迈向成功。

好脾气小贴士

古人说："金无足赤，人无完人。"谁都不是完美的，都有缺点。应正确看待自己，虚心接受他人的批评，以弥补自己的不足，不断提高自己，进而拥有精彩的人生。

第13章 远离各种负面情绪，做最快乐的自己

在经济飞速发展的今天，人们面临的压力也在不断增大，许多人在追求梦想的路上，遇到苦难或者险阻，变得身心疲惫。然而生活的需要迫使人们必须鼓足勇气重新启程，去改变目前的生活，让自己和身边的人活得更加幸福。在无止境的压力的作用下，许多人变得低落、伤心、抑郁，失去坚持下去的勇气。这时我们就应该学会选择适合的方法远离负面情绪，做最快乐的自己。

多听听音乐，放松身心

在经济飞速发展的今天，人们承受的压力越来越大，难免有情绪低落的时候。当人们心情不好的时候，就很难体会到生活中的快乐。要想摆脱这种心情，你应该正视这一情绪，学会转移注意力，而听音乐就是一种放松身心、调节情绪的良好方法。

音乐是生活的调剂品。音乐医学专家通过大量的研究证明，人类能运用音乐来改善和调剂人体的心理和生理功能。音乐可以调节人体大脑皮层的生理机能，提高体内生物的活性，调节血液循环和活化神经细胞。另外，音乐会使人体的胃蠕动更有规律，能够促进肌体新陈代谢，增强人体免疫能力。

在医学上有一个著名的“莫扎特效应”，即当你听一曲莫扎特的音乐之后，你的大脑活力将会增强，思维更敏捷，运动更有效，它甚至可缓解癫痫病人等患神经障碍的病人的病情。而在 IQ 测试中，听莫扎特的音乐的听众也比没有听的人所得的分数高。

而生活中，我们也可以试着体会音乐的神奇作用。

王斌是保险公司的销售人员，他每天都要面对形形色色的顾客，而且针对不同的客户还要采取不同的销售方式。为了保证销售业绩，王斌每天都要工作到很晚，压力是非常大的。

可是，每天早上王斌都是很高兴地投入到工作中，好像没有什么烦心事，引得同事纷纷侧目。王斌向大家传授自己每天高兴的秘诀，那就是每天听一个小时的音乐，每天早上起来的时候、用餐时间、上班路上，只要一有时间，他就会放一些音乐，让自己稍微休息一下。他说，正是借助了音乐的力量，才让每天都是那么轻松、愉快。

王斌的放松方式也是值得我们借鉴的。当我们心情不好的时候，不妨到音乐中寻找快乐。而在不同的心境下选择什么样的音乐也是一门学问。当你伤心、难过的时候，听一听那些打动我们的经典老歌；情绪愤懑的时候，听一听节奏感比较强的音乐；内心浮躁的时候，听一点比较舒缓的音乐。让动听的旋律抚慰我们的心灵，让我们在音乐中寻找快乐。

在生活中的很多时刻，我们都可以通过音乐来给自己减压。

1. 早晨起床

每天早上都是新一天，但是不是也是有没什么动力的时候？那么让音乐叫醒还在睡梦中的你，将闹钟设成优美的铃声。起床后，还可以在音乐中洗漱，吃早餐，你就会觉得连心情都好起来了，虽然是繁忙的一天，但绝对是精力十足。

2. 上班路上

上班的路上也是占用很多时间的，在拥挤的地铁中，在人来人往的人群中，不妨打开手机音乐，开启一段美好乐的音旅程，这必定能让你以更好的精神面貌、更好的心情去工作。

3. 做家务的时候

忙了一天的工作之后还要回家做事情，真的很不情愿，但如果这时候有美妙的音乐相伴，那么心情自然就能好很多。当听一段时间的音乐之后，你就会发现，做家务也成为了一件有趣的事情，在家的心情也更好了，吃饭的心情都变得好起来。

4. 睡觉之前

忙碌了一天，我们需要有充足的睡眠才能保证第二天有足够好的精神去做事情。可是，有时候躺在床上却久久无法入睡，如果在睡前听一会儿音乐，困扰我们的各种睡眠问题也将迎刃而解。

好脾气小贴士

音乐是生命中美好的律动，通过一个个美妙的音符触动我们的心灵，带给我们至美的享受。音乐是高尚的艺术形式，它可以陶冶情操、交流情感，让生活变得更加多姿多彩。音乐是一种美好的语言，伤心时听悲伤的音乐，可以让你的心情得以抒发，尽情伤心难过；快乐时听欢快的音乐，可以让你的情绪得以释放，忘记曾经的那些忧伤。

一吐为快，把一腔抑郁发泄出来

要幸福、快乐，就是要学会把那些曾经的悲伤、痛苦、抑郁发泄出来，要让自己的内心有更多的空间去容纳快乐的事情、积极的情绪。而倾诉就是一种很有效的发泄方式。

倾诉是一种能力，也是一种本能，是人们感情倾泻的渠道。

当我们心情不好的时候，不妨找个合适的倾诉对象，痛快地将自己的负面情绪说出来，心情就会好多了。将悲伤、痛苦分享给别人，自己的悲伤、痛苦也会减半。其实，将自己的烦恼诉说给别人，你就会发现，很多事情并没有你想象中的那么严重，然而一旦陷入某种情绪或者情境中，就会越急越生气，如果请他人指点一下，可能就会豁然开朗，茅塞顿开。

孟萍最近心情很不好，其实困扰她的都是一些小事，但是她突然觉得自己活得没价值。可是她又不知道找谁诉说自己的这一想法，一般人还可能觉得她不正常，说不定还会嘲笑她。

一天，孟萍的微信上有一个好友申请，一看原来是自己的高中同学，孟萍和这个老同学已经 10 多年没见过面了，因为她们自从高中毕业后就各自去了不同的城市上学，平时都很少回家。但这个老同学却是这个世界上最懂她的人，在高中的时候她们就时常分享各自的小秘密。

孟萍打出几个字："最近还好吗？"

"我很好，你呢？最近过得怎么样呢？"

"还好吧，你怎么样啊？真是很久不见了。"

"为什么看你的朋友圈感觉你最近心情很不好呢？"

"没什么，就是每隔那么一段时间，就有点怀疑自我，觉得人生没意义。"接着孟萍又说，"你不会觉得我矫情吧。"

"不会，我也经常有这样的困扰，这说明你活得认真。敢于怀疑自我和向人生发问的人都是认真对待生活的人，但是，怀疑自我可以，不能否定自我。以我对你的了解，你永远都不需要怀疑自我，因为你的价值连你自己都不曾发现。"

"哦，你太会夸人了。安慰我可以，但不可以恭维我。"

"我要是恭维你的话，恐怕早就被你踢出好朋友的行列了。"

"谢谢你，和你聊聊感觉真好，感觉短短几句话间烦恼就都消失了。"

"那当然，如果说不到你的心里去，怎么称得上是你的知己呢？"

烦恼可以说出来，有些情绪也需要发泄出来，心情需要通过自我调节才能越来越好。你可以将自己的快乐或者哀伤诉说给朋友或者家人等，这样能分担一些忧愁带来的烦恼。不要将所有的事情都藏在心底，因为这会让你更加痛苦。何不试着将自己的烦恼、心情说给合适的倾听者呢？

但是，并不是所有人都是合适的倾听者。如果你选错了倾诉对象，那么很可能适得其反。那么，你该如何选择合适的倾诉对象呢?

1. 此人必须是值得信赖的

此人必须是值得信赖的，能够做最忠实的听众，又不会成为你秘密的传播者。

2. 一个宽容的听众

倾听的对象最好是比较宽容的人。对于你所说的事情，他可以不发表任何意见，只是提供一个可以畅所欲言的环境，做一个最好的倾听者。他会认真地听你说话，不论你说出怎样的想法，他都能表示赞同或者理解。这无疑会给你安全感，促使你自由地表达自己的想法。有时，这还能促使你从多方面看待问题，能更好地解读生活。

3. 正能量的人

若你所选择的倾诉对象是一个消极的人，将事情说给他听，反而会更加糟糕。心情不好的时候，你最需要的就是一个正能量的人，此时一句比如“没事的，一切都会过去的”“不要怕，你一定可以的”“别多想了，你还拥有那么多”“千万别这么想，这种日子很快就会过去了”“每一天都是一个新的开始，千万不要放弃希望”等。这些看似简单的话，却能在身处灰暗日子里的倾诉者的心中起到意想不到的积极作用。

4. 能给你指导性意见的人

倾听者最好选择能给你指导性意见的人，他们可以分析客观事实，让你换个角度看待事情，进而帮你找出解决问题的方法。这样，当事情解决后，心情就会逐渐好起来，你也会从中成长。

好脾气
小贴士

领悟人生的智慧，懂得取悦自己心灵的有效方法，学会倾诉和宣泄，最终才能够得到心灵的平静和喜悦，远离烦恼，也有利于我们身心的健康发展。

用哭泣敲开自己的心门

人的不良情绪就像山间的溪流，你不让它顺流而下，它就会像往溪水中蓄水，只能是越涨越高，给心灵增加很多不必要的负担。要想在彻底暴发前消除隐患，就需要在心灵上筑建堤坝，而这势必使人在心灵深处与外界日益隔绝，造成精神的忧郁、孤独、苦闷和窒息。如果这股溪水积累到一定程度，就会冲破心理的防线，使人显现出一种变态的行为，甚至导致精神失常。

心理学家认为，对于这样的情绪，最好的办法不是积压在心中，而是发泄出来，因为积压在心中只是暂时的，到一定程度就有暴发的风险，到那个时候，生活和工作也就变得一团乱了。而哭就是一种有效地发泄情绪的方法。

哭作为一种常见的情绪反应，对人的心理起着一种有效的保护作用。哭泣能提供一种释放能量、缓解心理紧张、解除情绪压力的发泄途径。因此，当你遭遇失败或者挫折的时候，当你情绪不佳的时候，不妨痛快地哭一场。不要将一切藏在心中，那样会加重抑郁，甚至引发生理疾病。

医学证明，哭泣不仅能将体内有毒的物质排出体外，也能冲刷掉心理毒素。流泪可以缓解人的压抑感。有关专家对眼泪中所含的重要成分进行了详尽的研究后发现，泪水中含有亮氨酸－脑啡肽复合物及催乳素两种重要物质。有趣的是，若因为受外界因素，如洋葱、风沙等刺激后所流出的眼泪中并不含这两种物质。只有在真正受情绪影响而产生的眼泪中才有这两种物质。研究发现，它们分别与人的紧张情感和体内痛感的麻痹有关。这些物质随着泪水被排出体外，可以起到缓和紧张情绪的作用。所以，人在极度伤心或者抑郁的时候，痛哭一场，往往能让自己心情好起来。

通过哭来发泄自己内心的痛苦，可以缓解不良情绪带给自己的压力。

小马最近心情很不好，刚刚买了车，贷款借了好多钱，偏偏在这个经济紧张的时期他的父亲又得了严重的疾病，急需大笔手术费。这让小马十分无措，可是他还不能在母亲和妻子面前流露半点不快，他是家里的主心骨，是家里的顶梁柱，他可不能在家人面前露出一点懦弱。

这一天，他的好朋友小赵到医院来探望他的父亲。和父亲说完话，小赵拉他到附近一个小咖啡厅坐坐。小马呆呆地坐在座位上，在朋友面前，小马的情绪也就不需要费尽心思地掩饰了。

小赵对他说："有什么不高兴的，和我说说呗。"

小赵的一句话瞬间让小马热泪盈眶："唉，我最近压力太大了，我想要好好地给我父亲治病，但是又苦于没有钱。这个月我还有大笔的贷款要还，我实在不知道如何走出这一困境了，你说我是不是太无能了！"说着，他忍不住抽泣起来。

"哭吧，哭一哭好受些。"听到小赵的话，小马再也忍不住，放声大哭起来。

哭了一阵，小马停止了哭声，对小赵说："让你看到我哭的样子，你会笑话我吧。"

"怎么会呢？男人也是人，有了情绪也得释放，该哭就哭，这没有什么。哭完就舒服多了。"

就这样，小马又哭了起来，就像一个孩子。当他的情绪渐渐平息后，小赵拿出一个袋子，放在他面前："这是1万块钱，你先拿去给伯父看病，不够的咱们再想办法。"

"这……太谢谢你了！我一定尽快还你！"

小马在面对巨大的压力时，通过哭泣让自己的情绪得到了释放。适当的哭泣是对我们的身体和生活大有裨益的。在“哭”的问题上，我们又应该持有怎样的态度呢？

1. 懂得示弱

首先，在遇到一些人际障碍的时候，总是表现出一副强硬的态度反而令人生厌，如果这个时候懂得利用哭这种示弱方式，则更可能获得对方的谅解。这并不是一种欺骗，而是人与人之间相处的技巧。我们适当的示弱并不一定丢失了颜面，还很可能让你收获的更多。

2. 哭并不一定是不好的事情

其实，哭并不是什么见不得人的事情。尽管曾有“有泪不轻弹”的古语，但哭对我们的身心健康有积极的影响。人生在世，谁不会遇到点伤心难过的事情呢，大哭一场有什么大不了的。哭并不是失败的表现，而是接受现实后重新启程的号角。哭并不一定是不好的事情，不要压抑自己哭的欲望。

3. 哭有益健康

哭是一种正常的生理反应，我们不必克制，尤其是心情不好想要发泄情绪的时候，不必故作坚强、强忍泪水，那样只会让你的心情更加压抑，甚至会引发各种生理或者心理的疾病。哭泣这一简单的行为具有释放能量、缓解心理紧张、解除情绪压力的作用，有益于人们的身心健康。

每个人都应该看到哭泣的积极作用，它对人的身体起到有效的保护作用。因此，当你遇到一些突发状况而又一时无法接受的时候，不妨放声大哭一场，不必在意他人的目光，心情变好才重要。

好脾气小贴士

当你遇到突发状况，精神上一时无法承受的时候，可以选择在适当场合大哭一场。大哭并不是懦弱的表现，而是一种积极有效地消除消极情绪的方法。只是简单的大哭，既不会对他人产生不好的影响，又能让自己心情愉快起来，何乐而不为呢？

“长吁短叹”有益健康

无论在生活还是工作中，面对无力解决的事情或者是难以完成的任务时，人们常常会长吁短叹。然而，长期以来，人们常常认为长吁短叹是消极和悲观的表现，所以有些人为了维持表面的平静，不将自己的情绪表露出来，拼命压抑心中的消极情绪。殊不知，他们用这种方式虽然保住了颜面，却损害了自己的身心健康。

36 岁的刘先生是一名制药厂的员工，由于近年市场竞争越来越激烈，企业面临倒闭的危险。而刘先生觉得自己年龄大了，又没有什么特长，很难找到适合自己的工作，所以，他整天忧心忡忡，提心吊胆。但为了不将自己的情绪带回家影响家人，每天他总是强装笑容，表现得若无其事。然而，他自己明白他已经变得和以前不一样了。他每天吃饭也不香了，睡眠质量也下降了，整个人的精神状态十分糟糕，有好几次都在工作中出现了失误。

此外，随着时间越长，刘先生的失眠症状也越严重，白天也不能集中精力工作，身心十分痛苦。到医院检查，医生说他患上了神经衰弱。这正是因为他长期把不愉快积压在心中，导致心理压力过大，才引发了疾病。

若刘先生能够学会叹息，也许就不会被疾病折磨了。从现实意义方面来说，叹息是消极、悲观的表现，所以，不少人总遏制自己叹息的欲望，不让自己不良的情绪表达出来。但是，当人们遇到不顺心的事情时，长吁短叹两次，有安神解郁的坦然感；在感觉压力过大的时候，长吁短叹一番，会有豁然开朗的豁达感；在心满意足、心情愉悦之时，长吁短叹一番，也会更加快乐、幸福。这是因为在叹息的时候，人的气息平缓而绵长地呼出，对于调整情绪、消除压力都是有一定积极的影响。

曾有医生针对叹息对人们的影响做过专门的研究：几个人叹息过后，测试到他们的呼吸和心跳都明显比之前变慢了，原本心情并不好的人心情也明显好了起来。北京大学医学院也曾做过一个专门调查，与常常压抑自己情绪的人相比，常常叹气的人寿命要高出常人4到5年。

可见，无论从生理学还是从心理学的角度来看，叹息对身心健康都是有积极影响的。面对人生中的种种失败和挫折，我们要试着以叹息来调节自己的情绪，保证身心的健康。一声简单的叹息就能让我们摆脱消极的情绪、远离烦恼，何乐而不为呢？但是叹息并不是万能的，并不能解决实际问题。而且，叹息并不是都是积极的影响，也有很多的弊端。

1. 不能让叹息成为习惯

叹息若成为习惯，也会像唠叨和发牢骚一样，让人感到心中不快。因为当你叹息的时候，别人就会知道你遇到了困难。若你总是叹息，别人就会对你解决问题的能力产生质疑。而且，像伤心、难过、愤怒等情绪具有传染性一样，总是叹息就会将自己消极的情绪不知不觉间传染给身边的人。

因此，偶尔叹息可为之，有助于缓解情绪，若叹息成为一种习惯，并不会对自我调节情绪有积极影响。所以，对一些简单的事情不要总想着叹息，不能因此将事情复杂化，将事情越理越乱。

2. 叹息不能解决问题

虽然叹息过后，你的心情就会逐渐好起来，但是叹息并不能帮助我们解决实际问题。因此，遇到无法解决的问题之时，光叹息是远远不够的，我们应该努力寻找解决问题的方案，这才是真正让自己的情绪得到转化的方法。

好脾气
小贴士

在这个竞争激烈的社会，人们面对的压力越来越大。在这种高压状态下，我们可以试着用叹息来发泄心中的情绪，保持身心的健康。

自言自语有益身心健康

现代心理学家发现自言自语是一种解决精神压力的有效方法。一个人可以倾诉的对象有很多，如朋友、家人、同学等。若身边没有可倾诉的对象，你可以试着自言自语，既不必担心自己的秘密泄漏出去，也能很好地缓解消极情绪的影响。

自言自语并不是一个不良的生活习惯。恰恰相反，自言自语是一种自我调节、缓解心理压力的方式。在心情不好的时候，很多人都选择以自言自语的方式将心中的苦楚说出来。当人们苦于被消极情绪折磨而又一时找不到倾诉对象的时候，出于人类自我保护的本能，便会试图通过自言自语的方式将自己心中的情绪表达出来，使自己的心理达到平衡。就是说，当人们受到外界因素刺激时，用“自言自语”的方式来缓解内心的压力，是一种积极的心理调节方法。当没人倾诉的时候，你不妨试试自言自语，让自己重新找回快乐。

心理学家认为，自言自语的作用体现在很多方面。

1. 保持镇静

自言自语是令人恢复镇定的一种有效方式：调整思绪，自己对自己说话，有助于大脑保持冷静，尤其是在紧张、劳累时。

2. 调节情绪

自言自语也是有效地发泄情绪的方法。若任伤心、失望、抑郁等消极情绪积压在心中成为沉重的负担，会消磨掉我们生活中的快乐和幸福。而自言自语能将消极的情绪及时地发泄出来，有助于达到重新找回幸福、快乐的目的。

3. 改善睡眠

冥思苦想和各种不良情绪可导致人们的睡眠质量下降，而自言自语则能改善这一状况。自言自语能减轻消极情绪对我们产生的影响，从而改善睡眠的质量。

4. 自我暗示

自言自语还相当于一种自我承诺，其原理有些类似于自我暗示。当我们情绪不佳的时候，若能站在镜子前对自己微笑一下，或许会感觉到心情好起来了。因此，当我们失意时，不妨多对自己说一些激励性的、积极的话语，让你的大脑接收这一信息，从而利于心理健康。除此之外，自言自语是一种个人的行为，不会耽误他人的时间，也不会将自己消极的情绪传染给他人，更不会泄漏自己内心的真实情感或者小秘密。

好脾气小贴士

在日常生活中，总有人认为自言自语是一件很难理解的事情。其实，自言自语并不是坏习惯，也不是心理有疾病的一种表现。自言自语有利于人们的身心健康，能让内心获得片刻的宁静，能让人们受伤的心灵获得慰藉。

放声高歌，让自己拥有好心情

也许你并不喜欢唱歌，也许你没有什么音乐天赋，也许你唱歌没有一个听众，但这些都不是什么大问题，只要你想唱歌就放声歌唱吧。唱歌，对于每一个人来说，无论是在情绪上还是身体健康方面都有积极影响。人们可以通过唱歌将自己内心的压抑、消极的情绪及时地发泄出来。不仅如此，唱歌是人与人之间情感交流的渠道。时常唱歌的人，内心会比其他人更加平和舒畅。呼吸专家认为，人在唱歌时大量吸入氧气，从而加速人体循环系统的运转，并具有强化心肺的功能。同时，唱歌时精神还会高度集中，可以不同程度地缓解人体大脑衰老的速度。

那么，唱歌具体会对我们有哪些积极的影响呢？

1. 唱歌可以增强呼吸功能

据科学家统计，一般成年人的肺活量在3500毫升左右，而经常唱歌的歌唱家的肺活量在4000毫升左右。肺活量的增加能促使呼吸功能的加强。所以，唱歌是一种很好的锻炼呼吸功能的娱乐活动。

2. 唱歌可以改变一个人的心境和精神面貌

唱歌是特殊的心理疗法。放声高歌能让人们忘却烦恼，发泄出心中压抑的情绪，还能让人身心放松，进而改变一个人的心境和精神面貌。

3. 唱歌能够增进与他人的感情

科学研究证明，人们在唱歌的过程中，大脑中会释放出一种名为催产素的荷尔蒙。这种荷尔蒙能增进人们之间的感情。

4. 唱歌可以保健养生

唱歌能够调动平时很难得到锻炼的脸部肌肉组织，进而可以抗衰老，保持皮肤弹性，防止皮肤老化及改善更年期症状，使人身心愉悦、永葆青春。

越来越多的科学研究表明，唱歌不仅对人的精神健康有益，而且对身体的健康也是有好处的。人类的音乐天赋与生俱来，应该好好利用，同时注意发挥潜能，以拥有一个更健康快乐的人生。

好脾气小贴士

唱歌不仅是一项娱乐活动，还是调节人们情绪的调节剂。若你心情不好，不如试着对自己歌唱，借由歌曲抒发自己内心的情感，让自己重新找回快乐，更加勇敢地面对未来。

第14章

学会倾吐烦闷愁绪，健康释放坏情绪

人们在生活和工作中总会遇到各种不顺心的事，从而导致各种不良情绪的产生。我们应该学会找到适合自己的倾诉和宣泄方式，懂得用幽默化开心中的郁结，不把自己变成不良情绪的陪葬品，最终才能够重新获得快乐。

学会向他人倾诉自己的情绪

在生活中，我们每天都面对着各种压力、烦恼、挫折、不顺，而一些负面情绪也伴随而生。有些人只是一味地将这些情绪压抑在心中，而心中积压的消极情绪超过了所能承受的极限，便很容易引发一系列的心理疾病。

其实光压抑自己的情绪并不是解决问题的办法，不如学会倾诉，将心中的闷气和愁绪都说出来，那么原本积压在内心的消极情绪也就消除了。每个人在伤心、不快的时候，都需要一个倾诉的对象。倾诉，不只是倾诉自己消极情绪的一个过程，也是朋友间沟通感情，增进情谊的过程。同时，在倾诉的过程中，那些消极的情绪也就烟消云散了。

一天夜里，玲玲突然接到了高中同学小刘的电话。玲玲这才得知小刘在高考中失利，与大学失之交臂，后来他又经历了亲人的离世、创业的失败、失业……

小刘刚刚已经准备好了安眠药准备自杀。在准备告别人世前，突然想起了曾经关系要好的玲玲。得知小刘在放下电话后就要自杀，玲玲紧张得手足无措。

强忍着恐惧与紧张，玲玲听小刘侃侃而谈。小刘从昔日的同窗情谊谈起，聊到找工作的艰辛，再到如今面临的生活困境，说着说着泣不成声。玲玲除了“嗯、嗯”回声，就是用心倾听。

小刘倾诉出自己心中的情绪后，感觉好多了，也放弃了自杀的念头。

短短的一次倾诉，竟让小刘对生死作出了重新选择，他的人生也有了新的开始。

曾经有人这样说，当你将痛苦向他人倾诉时，你的痛苦就少了一半。尽管只是简单地倾诉出自己心中的情绪，但给人的影响却是深远的。倾诉是一种十分简单、有效的发泄方式。通过倾诉，你的心灵得到净化，你的情绪有了出口，从而能以更加积极、乐观的心态去迎接未来的各种挑战。人们通过倾诉发泄自己内心的情绪，并且不会危害到他人。

向朋友倾诉，具有以下几点操作诀窍：

1. 注意选择

对于倾诉的地点和场合都要有所选择，不然只会让事情更加糟糕。曾有专家建议："无论是朋友，还是亲人，你都可以依赖。但是，你必须找到在你压力大时，真的能帮助你的人。"若你选择的倾诉对象的抗压能力不如你，那么只会增添你的烦恼，甚至他的情绪也会被你影响。所以，倾诉的对象也要有所选择。

2. 多交几个知心朋友

每个人都需要朋友，更需要知心朋友。这样当你遇到快乐或者不快乐的事情，就都有可以倾诉的对象，何不平时多交几个知心朋友呢？快乐，可以和朋友分享；痛苦，也可以和朋友倾诉。

好脾气
小贴士

人生在世，遇到不顺的事情难免产生苦闷和烦恼。这些不良的情绪若长期积压在心中，就会成为内心沉重的负担，严重威胁人们的身心健康。英国一位心理学家认为，积贮在心中的烦闷忧郁就像一种势能，若不及时加以释放，就会像定时炸弹一样，一旦触发即可酿成大难。所以，我们需要做的就是学会释放自己的情绪。

善待自己，不将气愤藏在心底

在现实生活中，许多人将气愤的情绪闷在心中，不知道发泄，这就是所谓的生闷气。虽然这样的人不轻易表现出自己的情绪，但是他们也不能称之为生活的勇士。

喜欢生闷气的人，常常将那些消极的情绪深埋在心底。其实，生闷气是一种自我折磨。生闷气的原因并不一定是遇到不好的事情，更多的是人的主观内在因素。观察身边的人，我们就会发现，那些性格相对比较内向的人往往爱生闷气，当他们遇到不如意的事情的时候，不愿意去发泄自己的情绪，使那些消极的情绪积压在心中，常常感觉到痛苦、悲伤。事实上，若将心中的不快发泄出来，他们也就不会那么痛苦了。

生闷气就是自己和自己过不去的表现。聪明的人都懂得自我调节情绪，遇到不愉快的事能够不想它或驱走它；而习惯生闷气的人则不然，他们常把那些伤心、抑郁等情绪郁积在自己的心中，不知道给消极情绪找一个发泄的出口。因此，想要善待自己，就应该学会调节自己的情绪，千万不要将闷气积压在心中。

张先生是一个性格内向的人，也没有什么朋友。遇到不顺心的事情的时候，他只是积压在心底，即使在家里也不向妻子诉说。

由于他的沉默寡言，在公司也没有什么谈得来的同事。若在工作中遇到了不好的事情，他也会生气，但一直沉默以对，从来没和别人说过。直到前几天，一个大型合作的项目出现了重大的纰漏，本来和他没有多大关系，但同事们把责任都推到了他身上。张先生怒火攻心，但还是习惯性地保持沉默，但内心十分难受，然后突然晕倒在地。送医院抢救之后，医生说，张先生由于长期精神紧张，诱发高血压和冠心病，需要马上住院进行治疗。

从心理上讲，生闷气是一种不愉快的情感，是一种对我们的健康有危害的消极的情绪。中国古代曾有“百病之生于气也”“怒伤肝、忧伤肺”的说法。

生闷气可以使内脏活动和内分泌系统失常，造成食欲不振，消化不良。长期生闷气还会导致心脏病、高血压等疾病。所以，若你有爱生闷气的习惯，应该学着改掉它。

怎样消除爱生闷气的毛病呢？可试用以下方法：

1. 拓宽心胸

凡事想开些，生活中也就没有那么多令自己生气的事情了。有梦想、有追求，心胸自然就会变得开阔。心胸开阔，自然能与人和谐相处，自然能少些悲伤和失落。一位哲人说过，温暖别人的火，也会温暖你自己。如果一个人只是一心追求个人欲望的满足，就会陷入永无止境的苦恼之中。何不拓宽心胸，享受更加精彩、幸福的生活呢？

2. 学会排遣烦恼

一般来说，生闷气一定是某个人或者某件事引起的，若不及时转移自己的注意力，就会加剧情绪的恶化。因此在生气时，不妨试着转移自己的注意力，将自己的目光转移到一些有意义的事情上去，如运动、听音乐等。那么，心中的闷气自然就消除了。

3. 扩大社交

多参加集体活动，从个人的情绪中走出来，当你融入更大的团体中，成为其中的一员时，你就会发现，你所气愤的事情其实并没有那么严重，也就能更快地从不好的情景中解脱出来。当你有了更多的朋友，就可以将那些苦闷和埋藏在心中的痛苦都向他们倾诉。能倾听你心声的朋友也能够理解你，安慰你，这样你心中的闷气就能发泄出来了。身边一时没有朋友的话，你还可以给朋友打电话诉说，这也是一种很好的排解消极情绪的方法。

4. 充实知识

读书学习是消除闲愁的良方。张海迪在受到疾病折磨时，沉浸在知识的海洋中，忘记了痛苦，精神境界不断得到升华。知识能给人无穷的力量，给人强大的支持。“心灵中的黑暗，必须用知识来驱除。”书籍能助我们驱逐心中的闷气。

好脾气
小贴士

生闷气是一个很不好的习惯，就是自己和自己过不去。那些真正的勇者敢于面对生活中的各种挑战，懂得自我调节情绪。

别把自己变成闷气宣泄的陪葬品

人生在世，并不是所有的事情都能顺心的。此时，人们就会变得伤心、失落，而生气也是其中的一种负面情绪。

其实，偶尔一次生气，对身体并无大碍，只要能够迅速走出这个情景就没有那么大的影响。生闷气反而对人们的身体健康有更大危害。研究发现，若通过合适的途径将心中的不快发泄出来，那么生气所产生的有毒化学物质，能通过加速体内血液循环而迅速排出。但如果一个人经常生气，特别是经常生闷气，则产生的有毒物质无法排出体外，只会在体内大量堆积，对人们的身体健康造成严重危害。

生闷气是一种不好的习惯。所谓生闷气就是不将心中的气发泄出来，强憋在心里的做法，这对身体的危害是巨大的。生气对健康的危害程度主要取决于气愤的强度和持续时间的长短。闷气憋在心里，不向外发泄；不良情绪压在心头，不消不散，很可能会导致我们食欲不佳、睡眠质量下降，肌体的抵抗力也随之下降。另外，生闷气只会让情绪在心中发酵，甚至超过人能够承受的极限。若此时再考虑发泄，就如同山洪暴发，即大发雷霆，或称之为盛怒，而盛怒则会对身心造成更大的伤害。

生闷气是会影响身体健康的。怎样才能改掉爱生闷气的毛病呢？

1. 学着超脱、大度些

为什么人们总爱生闷气呢？遇到我们无法改变的事情的时候，不如试着改变一下自己，学着超脱、大度些，心中不快的情绪也就没有那么多了。正所谓“宰相肚里能撑船”，若能拓展自己的心胸，凡事看开一些，何愁不能消除心中的闷气呢？

2. 把幽默引进生活

爱生闷气的人的生活常常是很单调、枯燥的。若将幽默引进生活，你的生活就会变得丰富多彩。你变得幽默了，自然也就不会有那么多的烦恼，也就不会经常感到苦恼、烦闷了。据医学实验证明，笑可以促进血液循环，消除紧张和烦恼。将幽默引进生活，有利于改掉爱生闷气的毛病。

3. 一吐为快

遇到烦心的事，你可以找那些值得你信任又能帮你消除烦心事的朋友聊聊天，将心中的不满都说出来，这样可以使你心情舒畅，有助于更全面地了解自己的情绪，还可以在朋友的帮助下重新找回快乐的生活。

4. 改变消极的心态

爱生闷气的人往往是以消极态度面对生活，总是将自己的情绪存在心中。要改掉爱生闷气的毛病，就应该将消极的态度转变成积极的态度，即遇到问题能够向好的方面看，那么就没有那么多令自己产生消极情绪的事情了。

好脾气
小贴士

乐观开朗有益健康，生气悲伤有害身体，不要将自己的气愤情绪都藏在心中，情绪也需要一个发泄口。生闷气，最好的解决办法就是消气。消气不仅有很多小技巧，更重要的是需要自身的涵养。我们应该学会更好地控制自己的情绪，消除心中的闷气。

不懂得开玩笑的人，是没有希望的人

生活需要幽默。幽默是高情商的表现，它更是自我管理应具备的心态。幽默能让矛盾消失于无形，能帮助我们调节情绪。著名的喜剧大师卓别林曾说：“通过幽默，我们在貌似正常的现象中看出了不正常的现象，在貌似重要的事物中看出了不重要的事物。”

幽默可以让你在面临困境时减轻精神和心理压力。俄国文学家契诃夫说过：“不懂得开玩笑的人，是没有希望的人。”这充分体现出了幽默在我们生活中的重要作用。

法拉第就能认识到幽默的重要性。他知道幽默能给人们的生活增添快乐，从而有助于人们保持心理健康。若你能够运用幽默的力量，那么你就能更好地保持心理健康，并有效地松弛紧绷的神经。

著名科学家法拉第年轻时由于工作紧张导致精神失调，患上了精神抑郁症，情绪很不稳定，虽然多次去医院进行治疗却始终没有任何改善。后来，一位名医对他进行了仔细的检查，但是并未开任何药物，只对他说了一句：“一个小丑进城胜过一打医生。”法拉第开始的时候并没有领悟到它真正的意义，经过反复琢磨以后，终于明白了其中的奥秘，领悟到了幽默的重要作用。从此以后，他经常抽空去看马戏、滑稽戏和戏剧，经常开怀大笑，渐渐地，他的症状明显减轻了。

小丑利用幽默的语言和动作给人们带来快乐。而在生活中，幽默是一门艺术，是能够给别人带来快乐的好习惯。喜剧泰斗卓别林曾说：“幽默是生活的好方法。”这一说法也在生活中得到了很好的验证。想活得更加快乐，就应该学会幽默。人生之路上并不是一帆风顺，现实也许并不如我们设想的那么美好，最好的办法就是用幽默化解。幽默可以帮助人们消除消极的情绪，消除悲伤、失落、抑郁和伤心。一个幽默的人往往能轻松解决生活中的很多问题，与他人和谐相处，有良好的人际关系。

那么，如何成为一个幽默的人呢？

1. 扩大知识面，丰富自己的幽默词汇

幽默是一种人生的大智慧，它必须有丰富的知识做支撑。一个人只有具备审时度势的能力，有丰富的知识，才能更好地学会幽默。因此，想要成为一个幽默的人，就需要扩大知识面，丰富自己的幽默词汇。因为丰富的词汇有助于幽默感的表达，若没有丰富的词汇，就无法恰当地表达出自己的想法，那么也很难达到幽默的效果。所以，在日常生活中，我们应该注重知识的积累，从知识的海洋中汲取幽默的养分，从名人趣事的精华中获取幽默的智慧。

2. 乐观地面对现实

幽默是一种宽容的体现。人们应当学会宽容大度，懂得体谅他人，同时还要积极乐观。因为乐观与幽默是形影不离的，生活中如果多一点乐观和幽默，多一点微笑和宽容，多一份体谅和乐观，那么就没有什么无法解决的问题，我们也不会整天伤心、失望了。我们想要学会幽默，就需要保持积极乐观的生活态度。

总之，幽默改变人的生活，给生活增添色彩，能让我们收获更多快乐。让我们来体验幽默的神奇力量，获得更多的幸福吧！

好脾气
小贴士

索菲亚·罗兰曾说过：“我相信幽默感也是魅力的一个组成部分。有了幽默感，人们可以在一种非常融洽的气氛中彼此交流思想和看法；缺乏幽默感，生活就变得非常单调和枯燥。”

寻找适合自己的发泄方式

法国作家大仲马说："人生是一串无数的小烦恼组成的念珠。"伤心、抑郁、愤怒等消极情绪都是生活中常见的情绪，而生闷气是生气的内在表现。一个人生闷气的时候，实际上就是陷入了消极情绪的阴影中，容易产生孤独感和抑郁症，缺乏积极性。想要消除闷气，让生活重新走回正轨，我们就应该学会在不断的尝试中选择一种适合自己的发泄方式，那么当自己有消极情绪的时候，就不是拼命压抑，而是用合理的发泄方式以获得内心的平静。

小张因摩托车爆胎而晚了一个小时才到公司。好不容易完成一天的工作，他的老板又把他叫过去批评了一顿。在回家的路上，他一直沉默，到家门口时，他突然伸出双手在门旁的树干上左右抚摸，然后才打开家门。一到家，他立刻笑逐颜开，先和两个孩子紧紧拥抱，再给迎上来的妻子一个响亮的吻，这才进去洗手。

他的孩子看到了他之前的举动，好奇地问他："刚才爸爸在树上做了什么呢？"小张爽快地回答："是这样的，那是我的'烦恼树'。我在外面工作，磕磕碰碰总是难免的，但不想将它们闷在心中，我可以将我的烦恼都暂存在那棵树上，第二天出门再带走。奇怪的是，烦恼往往第二天就会消失了。"

小张就是找到了适合自己的发泄方式，将快乐带回家，将烦恼、不快都抛在门外。若我们想要更好地享受生活的美好，体味人生的快乐，就应该学会合理地宣泄自己的情绪。因为人与人之间的差异性，所以发泄的方式也不尽相同。下面列举了常见的几种方式：

1. 换个环境

环境对人的情绪、情感有着很大的影响。干净明亮，颜色柔和的环境，会使你产生平静、舒畅的心情。相反，吵闹、狭窄的环境，则会令人心情不畅。因此，改变环境也能起到调节情绪的作用。当你受到不良情绪的影响的时候，可以换个环境，看看外面的美景，呼吸一下新鲜的空气。好的环境能给人美的享受，美好的景色能令人心胸开阔，对于调节人的心理活动有着很好的效果。生活在美好环境中的人往往更容易获得好心情。

2. 高歌释放

音乐对人们发泄心中不快情绪有积极影响，而自己放声高歌也有同样的作用。当我们有消极的情绪积压在内心的时候，不妨试着唱唱歌，或轻快的、或舒缓的、或快节奏的。唱歌时有节律的呼吸与运动都可以有效消除消极情绪。

3. 学会倾诉

当你心中有情绪需要发泄的时候，你可以向自己亲近的朋友、家人倾诉自己内心的真实感受。这样做可以有效地调节一个人的情绪。当心中不快时，你可以邀请一些知己好友，在喝一杯清茶的同时，倾诉自己心中的各种消极情绪，以便获得他人的安慰或者开导。

其实，宣泄消极情绪的渠道还有很多，从唱歌到叹息、自言自语、跑步、打球等都可以起到很好的宣泄作用。由于人与人之间有文化、生活习惯等方面的不同，选择发泄情绪的方式也不尽相同。所以，我们要选择适合自己的宣泄方式。

好脾气小贴士

人人都有坏情绪，而每个人选择宣泄的方式也各不相同。找到一个适合你的放松方式，以此来对抗情绪中的消极部分。这样做，你不仅能远离坏脾气，还能获得更多快乐。

委婉地表达出自己的情绪

当你感到郁闷焦躁的时候，你的内心一定犹如翻江倒海一样的不安。我们都会碰到这样不安的情绪，它不仅影响我们的身心健康，还影响着我们的工作和生活。面对内心的闷气，你会选择怎样的方式来发泄呢?

霍桑工厂是美国芝加哥的一个制造电话交换机的工厂，该工厂为员工提供了完善的娱乐设施以及社保制度，但是工人们仍然感觉不满意，工作热情不高。为了探寻产生这一现象的原因，以哈佛大学教授 G.E. 梅奥为首的一批学者对该工厂的员工进行了一系列的研究。

在众多实验项目中，有一个“谈话试验”。专家们花费了两年多的时间和两万多名员工进行谈话，而谈话的内容主要是员工对工厂的各种不满以及意见。

而这一“谈话试验”收到了意想不到的结果，霍桑工厂员工的工作效率大幅提升。这是由于工人长期以来对工厂的各种管理制度和方法有诸多不满，而又找不到合适的发泄渠道，但“谈话试验”给他们的不满提供了一个发泄口，让他们重新恢复了好心情，自然工作效率大幅提升。

这就是心理学上著名的“霍桑效应”。很多时候，将心里的想法说出来就可以很好地发泄出那些消极情绪，而这一实验也验证了这一结论。

若总是将闷气憋在心中，不知道发泄，那么只会越积越多，最终以爆发的形式结束。有人说：“心中藏了太多事情的人，总是痛苦的。”生活中那些总是忍让的人也有可能最后忍出病来。可是，当自己情绪无法控制的时候，该如何做呢? 不如试着调整自己的情绪，将心中的闷气发泄出来。这样生活才能重新回到正轨。

如果自己心中真的有什么想法，那就委婉地将自己的情绪反应告知对方，这样对方才清楚地知道你到底为什么而生气。而且，这样既可以解决与他人之间的问题，还可以消除自己心中的闷气，化闷气于无形，使自己的情绪回归于平静。因此，我们不妨试着委婉表达自己的情绪。

1. 不要硬碰硬，要学会以退为进

当你和他人发生矛盾的时候，不要总想着硬碰硬，而是应该学着以退为进。

这样不仅可以体现出对人的宽容，还能获得他人的尊重。假如对方是有意为难你，也不必硬碰硬，可以试着委婉地回击他，这样自己也就将心中的怒气发泄出来了。

2. 机智幽默是有效的办法

很多时候，别人并不是有意针对你，所做的错事很可能是无心。为了避免破坏彼此的感情，遇到这种情况就要学会找到合适的应对办法，可以试着运用幽默的力量，从而给对方一个安慰。

3. 暗示自己的不满

有时候，对他人的不满，我们可以用语言来暗示，迫使对方意识到自己的不当之处。这样不仅表达了自己的不满，还保全了对方的颜面。

4. 把“不高兴”转移到对方身上

当对方有意为难你，惹你不高兴时，你也没必要和对方争论不休，可以试着转移话题，以彼之道还治彼身，如对方讽刺你年轻不知世事的时候，你可以温和地对对方说：“与您这样德高望重的老人比，我当然是一个年轻人啦！”这样不仅能给对方回击，还能体现出你的智慧。

好脾气小贴士

如果你的闷气急需发泄，可以试着用委婉的方式将它诉说出来，让闷气消失于无形，让你重新找到快乐。

第15章 相爱容易相处难，别拿感情来出气

爱情是美好的，人生的风景因爱情而变得愈加多姿多彩。但爱情并不是一帆风顺的，有欢笑，也有泪水。爱情也是有保质期的，这就是所谓的“相爱容易相守难”。那么如何在爱情的旅途中更长久、更甜蜜呢？对此，我们必须学会爱情相处之道。

爱得清醒，不迷失自我

很多恋爱中的人容易失去理智，失去对事情的分析能力，有时明知道是一件不可能的事情但内心仍是选择相信。直到某一天当爱情逐渐远去，他们才恢复理智，但一切为时已晚。

恋爱中，即使两人很甜蜜，也不要忘了保持清醒，不要在爱情中迷失自我。更不要在爱情中盲目，任何时候都要分清楚男女关系，这样才能避免失去自我。

大二的学生雪婷认识了有共同爱好的高峰，两人很快就陷入热恋。在雪婷眼里，高峰英俊潇洒、待人热情、乐于助人，高峰的出现令雪婷的生活发生了天翻地覆的变化。她开始每天和高峰约会，和他分享各种生活细节。

而在雪婷眼中完美的高峰其实是一个不学无术的人，他曾多次因偷窃而被公安机关教育处理。后来，高峰动起了抢劫的罪恶念头，并且多次抢劫成功，然后他再用这些抢来的钱尽情挥霍。有一次，在抢劫一位年轻女性的时候，由于对方激烈反抗，他用手中的刀袭击了那位女性，致使她因失血过多而当场死亡。

当公安部门找到高峰让他协助调查的时候，雪婷仍然选择相信他，还表示要对爱情忠贞不渝，发誓不离开高峰，甚至还帮助高峰藏匿。当她身边的朋友知道这件事后,劝说她让高峰去自首争取宽大处理,但雪婷和这些一心为她着想的朋友绝交了。

最后，高峰落网，被判处死刑。雪婷也因为包庇罪，判了 3 年有期徒刑。

在爱情中不清醒，雪婷付出了巨大的代价。

希腊有一句名言说：“感情必须温暖理智，但理智必须诱导感情。”也就是说，即使你深陷爱情的甜蜜美好中，也不要失去了理智。

1. 要树立正确的恋爱观

首先，爱情的基础是相互信任和相互理解。爱情中双方都应该学会奉献与承担责任。其次，每个人都应该学会协调好工作、生活和爱情三者之间的关系，不要因为爱情而影响正常的工作和生活，否则得不偿失。

2. 学会拒绝那些自己不愿意、不希望或不值得接受的爱

大千世界，在面对他人的追求时，有接受自然也有拒绝。当你遇到一位自己并不喜欢的人的追求之时，应该学会委婉地拒绝。

好脾气小贴士

陷入爱情中的女人和男人，眼中只有对方，往往会失去对事情的最基本判断能力。虽然每个人都渴望完美的爱情，但也不要为了追寻爱情而失去理智。我们在爱情中也要学会保持清醒，不要在爱情中迷失自己。

既然爱，那就多点包容

爱需要的是包容，而不是挑剔。一颗挑剔的心，让两个人都无法在婚姻中感到幸福。人们常说相爱容易相处难，这都是因为双方不懂得包容。每个人都有不同的性格、生活环境、思想，两个在各个方面都不尽相同的人共同生活，若不能包容对方，那么迎接他们的将是不尽的争吵。若学会包容，主动改变自己，让自己适应对方，那么婚姻将会更加幸福美满。爱情需要多些包容，而不是改

变对方，两个人之所以相爱，爱的就是独一无二的他（她）。

萌萌是一个漂亮的女孩。前不久，她和小明结婚了。萌萌俨然是一个众人羡慕的对象，她不仅有一个十分好的工作，而且她的老公小明是一个高干子弟，长得高大帅气、文质彬彬，又在一家事业单位上班，工资高，家里有房有车。谁知道，几年以后，萌萌就与她的老公离婚了。

原来，萌萌离婚只因她嫁给了一个"好好先生"，她嫌小明没脾气，说两口子自从结婚到离婚，从来都没红过脸、吵过架。萌萌说，小明是一个性格懦弱的人，无论在外面受了多大的委屈，都不知道据理力争，总是毫无原则地退让。在单位受了委屈，总是一忍再忍。萌萌总是劝告小明别再忍耐，可是小明毫无改进。

在家里，萌萌和他商量事情，他总是说让萌萌做决定。萌萌发脾气时，他就默不作声。萌萌实在无法忍受老公的脾气，感觉两个人一起生活是一种折磨。最后，他们的婚姻走向了尽头。

爱情也是应该相互包容的。即使对方有什么小缺点或者做错了什么事情，你都应该学着宽容对方，给对方改正的机会。夫妻间的相处也需要学会宽容这一门艺术。

当你发现你已经学会宽容对方，那么说明你已经懂得了付出，找到了爱的真谛。当然，包容也不是毫无原则的。包容是用心去拥抱爱情，而不是毫无原则地退让，最终将对方推向万丈深渊。因此，两人在一起不会只是风平浪静的相处，有爱的日子也会有争吵，而我们在这些事情中看清自己的缺点，一起成长，才能最终走向幸福的生活。

1. 包容爱人的负面情绪，完善自己的个性

情绪也有积极和消极之分。有很多消极情绪影响着我们的工作和生活，如伤心、失望等。心理学的研究显示，那些心直口快、心里藏不住秘密的人更容易把自己的情绪感染给他人，因为他们对于情绪表达的需求更加强烈，另外，内心较为脆弱的人则更容易受到他人消极情绪的影响。因此，我们若想不被对

方的消极情绪传染，就应该先完善自己的个性，当你变成一个宽容大度的人的时候，那些消极的情绪就无法左右你了。

2. 换位思考

包容自己也包容别人。我们应该学会换位思考，处在对方的角度看待问题，这样就能理解对方的想法和行为了。在换位思考中，我们可以发现自己的缺点，这样就能更宽容对方了。

3. 多交流，表达自己的想法

很多时候，误会和错误的产生都是由于双方缺乏沟通。对此，爱人间也应该多多交流，表达出自己的想法。这样就能消除误会，还能拉近彼此的感情，让双方之间更加信任，感受到彼此的关爱。

好脾气
小贴士

只有拥有一颗包容彼此的心，我们才能更好地经营婚姻。在相互的包容和理解之中，你才会更多地看到对方的优点，能更好地享受生活，才可以执子之手，幸福到老。

爱人之间也需要互相尊重

俄国大文豪列夫·托尔斯泰说：“家庭成员之间必须互相尊重，而不是互相拴上链子。”爱人之间亦是如此。无论一个人是什么职位，有多少财富，在爱情中，每个人都应该是平等的，互相尊重是爱的基石。爱一个人，你就应该尊重对方，这也是对自己的尊重。若爱人间连最基本的尊重都没有，那么爱就如同搁浅的小舟，不知道未来会漂流到何处。

思思是一个农村的姑娘，她温柔大方，学习刻苦，毕业于一所著名的大学。她在学校期间表现优异，在学校领导的推荐下，就职于一家知名企业。在工作期间，她认识了气质儒雅、阳光开朗的同事小亮。两个人很快陷入爱河，不久两人走入了婚姻的殿堂。

婚后，思思觉得自己出身农村，而小亮是城里人，她开始自卑，包揽了家里所有的家务，并想尽办法讨好家里的每一个人。思思下班回家后，还要做很多事情，每天都身心疲惫。

而她的丈夫也不知道关心她，每天回到家后就什么也不做。要是在工作中遇到什么不顺心的事情，他还会将气都撒到思思的身上。开始时思思还跟他顶嘴，结果小亮开始表现出一副不在意的样子，思思只好宽慰自己，但是深夜的时候，她常常独自哭泣。

思思怀孕后，父母来城里看望女儿，小亮也是一副高高在上的样子，连基本的礼貌都没有。思思觉得很受伤，但是为了家庭的和睦只好忍了下来。

她怀孕期间，小亮开始经常夜不归宿，根本不关心她。思思在家里还有做不完的家务。思思一直在问自己，自己这样做是否正确呢？在爱情中，自己怎么连对方的尊重都没有得到呢？

无论是在恋爱里，还是在婚姻里，卑微是留不住人心的。试想，当你自己将自己放在一个很低的位置，自己都不尊重自己，何谈他人的尊重呢？

夫妻亲密归亲密，但也应以彼此尊重为基石，千万不要忘了这一点。尊重是所有感情的基础，也是所有家庭幸福的基础，唯有夫妻间相互尊重才能过得更加温馨、快乐。

那么，我们与恋人相处时，该如何用语言表达出你的尊重之情？

1. 学会使用万能用语

与爱人相处时，我们应该学着用语言来表达出对对方的尊重，最为简单的语言就是“请”。生活中，与“请”搭配的词语数不胜数，比如，“请走这边”“请说”“请稍候”。原本都是一些极为普通的语言，然而，一旦与“请”字搭配起来，无形之中，既表现出你良好的修养，也表现出了对对方的尊重。因而，你可以学着使用万能的用语，让生活更加美好。

2. 学会使用“谢谢”

生活中，有的人认为亲密的人之间说“谢谢”会显得十分生疏，所以就将对方所做的所有事情都当作理所应当。其实事实并非如此，婚姻专家揭秘，和谐的恋爱关系是需要双方共同经营的，而其中就包括语言的沟通。爱人之间的“谢谢”不是一种生疏的表达，而是内心深处的一种感动。与爱人交往时，无论对方为你做了多么小的一件事，你的一句“谢谢”都能让对方感受到你的重视和尊重，何乐而不为呢？因此，不要因为你们之间亲密，你就忽略了对方的付出，请大胆向对方表达你的谢意吧。

3. 多征求对方的意见

现实生活中，许多人喜欢为对方做主，所有的事情都要按自己的意思来办。其实，一段长久的爱情应该建立在彼此尊重的基础之上。每个人应该懂得想要让对方幸福，就不应该剥夺他发表自己意见的权利。所以，遇到事情的时候，你应该学着征求对方的意见，这样不仅能更好地解决问题，还能表现出你对他的尊重。

好脾气
小贴士

什么样的生活态度决定拥有什么样的婚姻，聪明人善于维护自己的婚姻，幸福的婚姻也能让双方更加优秀，而幸福的婚姻是以相互尊重为基石的。爱人之间互相尊重，互相体谅，这样的家庭氛围能让每个人都感觉到幸福，对生活充满向往和希望。

婚姻中最大的破坏因素——唠叨

艾里斯·克拉斯诺曾经说:“对于婚姻来说,最大的破坏性因素就是唠叨。”若你是一个习惯唠叨的人,请试着改掉这一习惯,除非你不想好好经营你们的爱情。

唠叨是一种让人难忍的讲话习惯,说话絮叨的人时常因为一些小事而喋喋不休,而对唠叨者的听众来说这无疑是一种折磨。有的人认为唠叨是女性的专利,而事实并非如此。美国研究人员通过实验证明,其实男人也像女人一样爱唠叨。唠叨就如同刺耳的噪音,无论在哪里出现,都不会受欢迎,反而受到一致抵制。除了遭人厌烦外,唠叨还是人们和谐生活的破坏因素。

露丝是个温柔大方的女孩,她唯一的缺点就是爱唠叨。在她结婚之前,她的朋友就叮嘱她:“你实在太唠叨了,以后一定要注意改掉这个毛病,不然会吃亏的。”但露丝对朋友的忠告不以为然,觉得这都是小问题。

不久,露丝结婚了,她还是与之前一样爱唠叨,对一件小小的事情就能反复说上半天。若她的丈夫在某些方面做得不好,她就能一直说上几个小时,直到对方快要受不了才结束。甚至哪一次想起这件事情,她就又开始唠叨很久。

在两人刚刚结婚的时候,她的丈夫还能无限度地容忍她。但随着结婚的时间越来越长,她的唠叨毛病越来越严重,在加上工作上的压力越来越大,她的丈夫渐渐觉得她实在难以让人忍受了,并觉得婚姻生活越来越不幸福。终于有一天,当露丝像以往那样唠叨不休的时候,她丈夫实在忍受不了了,与露丝大吵起来。而这一次矛盾的爆发一发不可收拾,两人开始了两天一小吵、三天一大吵的生活。一年半后,两个人结束了这段婚姻生活。

露丝正是因为唠叨而失去了自己的婚姻。卡耐基在他的《人性的弱点》中说过:“唠叨是爱情的坟墓。”但是,很多人像露丝一样还没有意识到唠叨的危害,甚至认为自己是爱之深责之切,认为唠叨恰恰能表现出自己对对方的爱,以为唠叨可以成为促使对方变得更加优秀的动力。可婚姻中的一方是一个唠叨的人，那么对方是很难感到幸福、快乐的。陶乐丝 · 狄克斯认为：“一个男人的婚姻生活是否幸福和他太太的脾气性格息息相关。如果她脾气急躁又唠叨，还没完没了地挑剔，那么即便她拥有普天下的其他美德也都等于零。”

许多家庭破裂的源头都是一些不起眼的小事，因小事唠叨进而引发更大的矛盾。聪明的人不会整天喋喋不休，而是选择更加合理的发泄方式，适当表达自己的情绪。这样做往往能令自己和对方都能过得更加幸福。

1. 冷静地对待不愉快的事

如果发生了不愉快的事，不要急于指责对方，暂时平复一下情绪。待情绪稳定后，两个人可以冷静地讨论事情的解决方案。若讨论过后两人都觉得这是一件微不足道的小事，那么两人一定不好意思再提起。另外，夫妻在讨论问题时也应保持冷静，理智思考，尽可能地用合理的解决方案来消除怒火。

2. 用温和的方式达到目的

西方有这样一句谚语：“用甜的东西抓苍蝇，要比用酸的东西有效多了。”这句话在今天仍有现实意义。想要实现自己的目的，你不妨试着选择一些更加温和的方式来处理问题。这些温和的方式能让你事半功倍。

3. 学会激励

学会激励，而不是驱使别人去实现你的期望，这是爱人间相处中必须掌握的一门艺术。 如果你不是时常激励对方，而是用唠叨或者责骂的方式让对方行动，那么，想要实现自己的期望是很难的，这还很可能破坏夫妻间的关系。

好脾气小贴士

想要让婚姻走出唠叨的深渊，爱人间就应该多多关心，多沟通，给对方充分的信任，体谅对方。

建议比命令更能维护对方的自尊

在婚姻中，很多争吵的原因都是一些无关紧要的小事。专家研究发现，很多情侣和夫妻的争吵是完全可以避免的。很多时候，他们吵架并不是因为事情本身，而是因为对方的态度。有的人总是用命令的语气和爱人说话，这就会引发很多矛盾。

美国著名人际关系学家戴尔·卡耐基曾经这样说过：“‘建议’比‘命令’更能维持对方的自尊，也更能让他乐于改正错误，与你合作。”这个道理在爱人间也同样适用，使用建议比命令更容易让对方接受。

影片《维多利亚女王》中有这样一组镜头：

维多利亚女王加班到很晚，当她走回卧房门前时，发现房门紧闭，于是她抬手敲门。卧房内，她的丈夫阿尔伯特公爵问：“是谁？”“快开门吧，除了维多利亚女王还能是谁？”她命令她的丈夫开门，但是房里没有任何回应。

她接着又敲，阿尔伯特公爵又问：“请再说一遍，你到底是谁？”“维多利亚！”她依然故我。卧室内还是没有任何声音。

她停了片刻，再次轻轻敲门。“谁呀？”这回维多利亚轻声应答：“我是你的妻子，给我开门好吗，阿尔伯特？”这时，阿尔伯特公爵打开了门。

在这个故事中，维多利亚女王最开始命令她的丈夫，但是对方拒绝了她的要求，只有当她转变态度，把自己看成和对方平等，并且只是建议对方的时候，她的丈夫才满足了她的请求。

和维多利亚女王的丈夫一样，没有人愿意接受命令，没有人希望在婚姻中对方还把自己当作下级那样对待。所以，与其命令他人不如给他人建议。这是因为提出建议的方法很好地维护了一个人的尊严，给对方一种尊重感，促使他与自己合作，而不是对抗。生活中，你会发现，建议往往比命令更有效。用建议的方式不仅不会伤害对方的自尊，而且能使他接受你的意见。

在婚姻中，你应该：

1. 学会尊重对方

命令一般应用于不同级别间，如领导和员工、长辈和晚辈，发出命令的人必然是在地位上高于接受命令者。而在家庭婚姻中，夫妻双方是平等的，并不存在上下级关系。如若你总是命令对方，就是人为地将彼此的关系设定为不平等的，这对你的爱人是十分不尊重的。若你习惯性地命令爱人，那么爱也会逐渐变得千疮百孔，甚至被消磨干净，取而代之的是各种各样的矛盾。

2. 学会和爱人相处，为爱情保鲜

爱情并非无坚不摧，也需要维护才能更好地享受爱情的美好。而你每一次的命令都会令爱情蒙尘，多次累积之后，爱情也就失去了原本的甜蜜。在家庭中，你千万不要争着去做一个发号施令的人，而应该试着成为一个真诚地给他人建议的人。当你想要表达对对方的想法的时候，不妨试着对他提出建议。这样是否接受你的意见的主动权还在对方的手中，对方更容易接受，而这样做也更容易达到预期的效果。

好脾气小贴士

很多时候，比命令他人更有效的做法是建议他人，运用“请”“好吗”等用语，往往能收到意想不到的效果。建议能令对方感受到你的尊重，还能让对方更容易接受你的建议，何乐而不为呢？

参考文献

[1] 袁丽萍 . 换一种心情换一种生活 [M]. 北京：中国致公出版社，2009.

[2] 张伟 . 三分命运，七分脾气 [M]. 北京：中国华侨出版社，2015.

[3] 马银春 . 先处理心情再处理事情 [M]. 北京：中国职工出版社，2008.

[4] 善之 . 成大事必具的十种性格 [M]. 北京：中国华侨出版社，2008.

[5] 刘江涛 . 成就一生的好性格 [M]. 北京：朝华出版社，2009.